[BIBLI]OTHÈQUE DES SALONS

# L'ART DE NAGER

**EN MER ET EN RIVIÈRES**

APPRIS SANS MAITRE

PAR A. P. DUFLÔ

PROFESSEUR DE NATATION

HYDROTHÉRAPIE — SAUVETAGE — BAINS DE MER
NATATEUR GOSSELIN

**Prix : 50 c.**

PARIS

LIBRAIRIE DE JULES TARIDE

2, RUE DE MARENGO, 2

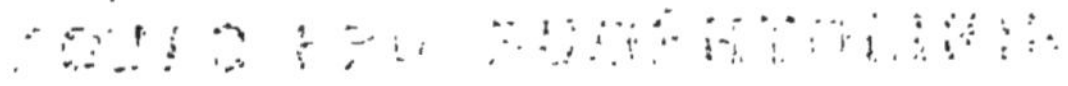

# L'ART DE NAGER

## EN MER ET EN RIVIÈRES

PARIS. — IMP. SIMON RAÇON ET COMP., RUE D'ERFURTH, 1.

# L'ART DE NAGER

## EN MER ET EN RIVIÈRES

APPRIS SANS MAITRE

PAR A. P. DUFLO

PROFESSEUR DE NATATION

HYDROTHÉRAPIE — SAUVETAGE — BAINS DE MER
NATATEUR GOSSELIN



PARIS

LIBRAIRIE DE JULES TARIDE

2, RUE DE MARENGO, 2

1875

# L'ART DE NAGER

## EN MER ET EN RIVIÈRES

## I

## HISTORIQUE

Au point de vue rationnel, il est aussi simple de nager que de marcher. C'est à la première de ces locomotions que nous devons toujours demander de nous reposer des fatigues de la seconde. L'eau, si chargée de vie elle-même, qui entraîne toutes les parties vitales du sol qu'elle draine et vivifie, renferme tout ce qu'il faut pour réparer les dommages occasionnés par le défaut ou l'excès de cette combustion interne qui s'appelle respiration. Il est bon de jeter de l'eau sur le feu, qu'on veuille le ranimer ou le ralentir.

Au point de vue musculaire, la natation est la première et la meilleure application de la gymnastique. Sous le rapport médical, élément liquide de la terre, l'eau s'adresse directement au liquide du corps humain, au sang, et ses alternatives de chaud et de froid sont, quand elles sont bien employées, le correctif des maladies du système nerveux, qui a besoin tantôt de se dilater par la chaleur et tantôt de se contracter par le froid.

La natation n'aurait point d'histoire si l'homme n'avait pas un seul moment cessé de pratiquer un élément qui lui est aussi naturel que le sol. En effet, les cités lacustres nous ont révélé que, bien avant les époques dites historiques, il exista une race humaine presque marine, qui habitait des huttes bâties sur pilotis, où on pénétrait en nageant. La natation faisait partie du grand art de la guerre dans l'Inde, en Grèce, à Rome. *Il ne sait pas nager* équivalait alors à quelque chose de pire que le *Il ne sait pas lire* des temps modernes.

C'est justement parce que la gymnastique et la natation faisaient partie intégrante de l'art de la guerre, que, la guerre changeant de but et de moyens, ces deux sciences, qui méritaient d'être cultivées pour elles-mêmes, sont tombées dans une espèce d'oubli.

Les sociétés antiques étaient, à cause de l'état primitif, de l'état sauvage et non édenique dont elles sortaient, constituées pour la guerre, pour la seule guerre. On ne vivait alors qu'à condition d'opprimer. On tuait ou on était tué; point de moyen terme. La gymnastique n'était que l'apprentissage et le simulacre du combat. Les anciens apprenaient à nager pour qu'un fleuve ne les arrêtât pas dans leur victoire ou dans leur défaite. Ils se faisaient une autre nature, des poumons particuliers, afin de rester longtemps sous l'eau. S'ils plongeaient, c'était moins pour recueillir la coquille qui produit la perle ou la pourpre, que pour aller entre deux eaux couper les câbles de la flotte ennemie ou pénétrer invisibles dans la ville assiégée qui se trouvait sur le parcours d'un fleuve. L'antiquité était amoureuse de la guerre et du guerrier. L'ancien nageait, courait, luttait pour être fort, mais aussi pour être beau.

Le moyen âge, lui, aimait la guerre moins pour la suprématie qu'elle donne, que pour le mépris de la vie et l'amour du mal qu'elle inspire. Il avait le nu en horreur. L'eau était, à ces âges monastiques, le symbole de la femme, l'ondoyant et pervers fantôme qui hantait ces cerveaux de cénobites. On ne se lavait pas. On se haussait vers le ciel sur des couches de crasse. Les maladies de peau naissaient de la malpropreté, et l'homme non encore attaqué, qui poussait le coupable amour de soi jusqu'à predre un bain, en sortait les pores dilatés et prêts à recevoir toute maligne influence; si l'épidémie régnait, il était aussitôt atteint. « Dieu a puni ce païen, ce templier, » disait le prêtre d'accord avec les Esculapes du temps. L'eau qui eût, à l'origine, prévenu le mal, l'empirait en effet en ces époques de contagions. *Qui amat flores, amat virgines. — Nudus nudam in flumine videt. — Solus cum sola non cogitabuntur* (sic) *orare pater noster*. Autant d'adages de ces siècles admirés : l'eau, la femme, les fleurs, la nature était proscrite.

Saint-Simon nous apprend que le grand siècle de Louis XIV était sale. En revanche, les philosophes abhorrés du dix-huitième siècle ont remis à la mode la natation et la propreté. Nos arrière-grand'mères, — je parle pour ceux qui sont nobles et j'emploie le nous par politesse, — nos arrière-grand'mères, allaient sur le quai de la Mégisserie, du haut de leurs équipages, admirer les belles formes et les coupes savantes de l'athlétique Duclos, prenant ses ébats dans le fleuve.

Les armures pesantes du moyen âge avaient ôté aux chevaliers toute idée de perdre du temps à apprendre la natation, qui leur eût été inutile.

Mais l'invention de la poudre, qui tua la chevalerie en introduisant dans les armées l'élément roturier, je veux dire national, eut parmi ses immenses conséquences, celle-ci : la résurrection de l'art de nager.

Moins lourdement armé, le vilain ne dédaignait pas, pour perdre l'ennemi ou pour se sauver lui-même, de passer un cours d'eau à la nage.

Au commencement de notre siècle, tous les voyageurs nous firent un tableau merveilleux de la santé des peuples qui, n'ayant jamais cessé de vivre en communication avec la nature, passaient une grande partie de leur vie dans les eaux de leurs lacs et de leurs fleuves. Amoros prouva scientifiquement que la natation était une branche de la gymnastique.

Priessnitz, maréchal ferrant, qui avait par intuition le génie hippocratique, trouva quelques-unes des propriétés de l'eau, et il sut en faire un agent de vie si puissant qu'il guérissait des moribonds.

On comprit seulement à cette époque, qui est la nôtre, que la santé morale dépendait de la santé physique, et que toutes les propretés et toutes les activités se tenaient entre elles et naissaient les unes des autres. On ne s'étonnera donc pas si nous nous étendons, dans les pages qui suivent, sur la question d'hygiène, sans négliger celle de la gymnastique.

## II

## LE CORPS HUMAIN PLUS LÉGER QUE L'EAU

Un chien que l'on jette à l'eau n'a, pour y surnager, qu'à s'y tenir tranquille, et s'il veut avancer, il n'a besoin que de faire, en les exagérant, les mouvements qui lui servent à marcher sur le sol. Le porc, qui a une horreur particulière pour l'eau, s'y maintient cependant à cause de la légèreté spécifique de sa graisse. Le plus difforme de tous les animaux, celui dont la tête est la plus monstrueuse, déploie quand il est dans un fleuve une agilité qui lui a valu le nom de cheval du fleuve : hippopotame. Si large et si profond qu'il soit, il n'est pas un cours d'eau qui puisse arrêter un éléphant. L'eau est un élément si propice pour la vie animale que non-seulement les poissons, qui ont un appareil respiratoire particulier. mais encore les immenses cétacés qui respirent comme nous, s'y développent et y prospèrent : à tel point que les espèces qui sont amphibies préfèrent toujours l'élément aquatique à la terre ferme. Une preuve que l'eau est aussi vitale que le sol, c'est que la race des phoques présente des variétés qui correspondent à celles de l'animal terrestre, et que le peuple, d'accord avec les naturalistes, a pu les nommer chiens, tigres, lions, veaux, loups, etc., marins. Quand on regarde un poisson nager, on voit que sa position naturelle est d'avoir en bas la queue qui lui sert d'aviron et en haut cette tête, munie de rames, qui est aussi légère qu'elle est énorme. L'homme n'est point en principe autrement construit que les autres animaux; les seules différences qui le distinguent assez pour qu'on ait cru devoir en faire un être à part sont : une tête plus lourde, proportionnellement au reste de son corps, et des membres supérieurs dont la fonction est autre que celle des membres inférieurs. Encore est-il que par ce point il se rapproche des oiseaux, dont l'aile est ce qui diffère le plus des pieds. Bizarrerie qui apparaît fort logique à celui qui réfléchit : le tronc du corps humain est, comme le tronc des animaux, plus léger que l'eau, tandis que les membres de l'homme et sa tête sont spécifiquement plus lourds. Mais le tout est combiné de façon à ce que le corps entier soit d'une densité à peu près égale, quoique cependant inférieure, à celle de l'élément liquide. Dans la mer et même dans l'eau, plus légère, des fleuves, l'homme mort surnage tout aussi bien que le poisson mort. C'est ce qu'ont su de tous temps les princes et les meurtriers, qui attachaient une pierre au cou de leurs victimes pour qu'elles ne reparussent point.

Dans l'homme, les bras et les jambes, par leurs mouvements ordonnés ou désordonnés, déplacent assez de liquide et font assez de vide pour qu'on doive compter pour rien leur poids. La position de la tête de l'homme qui nage ou essaye de nager, en raison de sa lourdeur et de son immobilité, est d'être à demi enfoncée entre deux eaux. La supériorité de celui qui sait nager sur celui qui ne le sait pas, consiste en ce que l'un ne respire qu'au moment où l'élan des membres inférieurs fait remonter la tête au-dessus de l'eau, et que l'autre tente de respirer quand sa face est encore sous l'eau. Le meilleur maître de natation est donc le calme de l'esprit et de la volonté, et comme l'habitude du bien a heureusement autant de force que l'habitude du mal, l'apprenti nageur doit au préalable faire des exercices qui ne présentent aucun danger et dont le but est de familiariser son corps à l'immersion complète dans l'eau, et sa poitrine à rester quelque temps sans nouvelle prise d'air.

## Manière de nager dite en coulant.

Pour cela, mesurant son haleine et son courage, il se met à une distance, petite d'abord, d'un pieu planté près du rivage, et, la tête entre les bras, ces mêmes bras tendus avec les bouts des doigts joints en forme de flèche, il se lance résolûment la face dans l'eau, et, donnant de vigoureuses impulsions à ses jarrets, il se dirige vers le pieu : dès qu'il le tient, il lève la tête et respire. Si l'expérience réussit, il la recommence à une distance plus grande.

C'est en accoutumant son esprit à l'idée scientifiquement vraie de la légèreté du corps humain, que le docteur Franklin acquit assez d'empire sur lui-même pour devenir tout enfant un des plus grands nageurs de ce siècle. Couché sur le dos, ayant en main la corde d'un robuste cerf-volant, il se laissait aller sur l'eau comme une bouée et traversait ainsi remorqué des lacs de plusieurs milles d'étendue ; mais il est temps que nous entretenions le lecteur aguerri par les considérations précédentes, des quelques importantes précautions qu'il faut prendre avant d'entrer dans l'eau.

## III

## ENTRÉE DANS LE BAIN

Bien des imprudences ont coûté la vie à ceux qui les ont commises de gaieté de cœur, mais quoique jamais précepte n'ait été plus vrai et plus répété que celui d'attendre, avant d'entrer dans l'eau, la fin de la digestion, cependant il nous semble que la faute ne revient pas tout entière aux imprudents, mais aux savants eux-mêmes qui paraissent tout faire pour répandre de bonnes notions d'hygiène.

C'est qu'il ne suffit pas de dire que l'eau est dangereuse à celui qui a dîné; il faut en montrer le pourquoi. Les savants laissent dire que l'eau est insapide, incolore, inoffensive. Comment voulez-vous qu'un homme qui a chaud et que l'eau tente, ne s'y jette pas? Rien n'est moins inoffensif, rien n'est au contraire plus actif que l'eau. Quand même l'eau n'aurait d'autre propriété que de dissoudre ou d'emporter les matières qui, sous le nom de saletés, bouchent les milliards de pores dont est percée la peau humaine, il y aurait là deux phénomènes d'une importance capitale, et que la science officielle n'a pas encore suffisamment expliqués. Le premier de ces phénomènes est celui de la dissolution, et, pour être journalier, n'est-ce pas un des plus étonnants mystères que celui de ces corps solides qui, sous l'influence de l'eau, deviennent liquides eux-mêmes? L'alchimie du moyen âge compte, parmi ses supériorités sur la chimie moderne, d'avoir formulé cette grande loi que les corps solides n'ont leur entière virtualité que dissous. Débarrassé de toutes substances étrangères, le corps humain, au contact et sous l'excitation de l'eau, prend l'intensité de vie dont il est capable. Le second phénomène consiste dans cette respiration cutanée qui se fait par les pores sous forme de transsudation, et qui n'est pas moins nécessaire à l'existence de l'homme que la respiration ordinaire. On arriverait aussi sûrement à tuer un homme en le couvrant de la tête aux pieds d'un enduit imperméable, qu'en lui fermant la bouche et le nez : ce serait plus long seulement. Le vaste empire de la Chine, avec ses frontières closes à toute influence étrangère présente dans l'ordre moral le même spectacle de perturbation. La vie des peuples et la vie des individus se composent de deux mouvements, dont l'un va de la périphérie au centre et l'autre du centre à la périphérie ; l'un condense les forces et l'autre fait rayonner ces mêmes forces, une fois condensées, dans le sens de l'expansion. Donc l'eau, autant par la dissolution ou l'entraînement de tout ce qui peut gêner le libre jeu des pores, que par l'accroissement de mouvement qu'elle produit à la surface de la peau, est un milieu aussi nécessaire à l'homme que l'atmosphère elle-même.

Deux exemples tirés de la médecine vont prouver que l'eau agit directement par elle-même, et que, chaude ou froide, elle possède toujours cette propriété d'appeler le mouvement du dedans au dehors, et d'en disperser l'excès qui est aussi nuisible que le manque. Dans les maux d'yeux, certains médecins prescrivent des lotions d'eau froide et d'autres des lotions d'eau chaude.

Peut-être allons-nous avoir le bonheur de concilier ces deux méthodes, en précisant les cas où chacune doit être employée. Quand les vaisseaux sanguins sont trop gonflés, l'application de l'eau froide offre un danger, celui de rompre ces mêmes vaisseaux par la secousse que leur donne le passage brusque d'une température élevée à une température basse ; l'eau chaude au contraire, qui n'imprime pas cette secousse, peut à son aise exercer son pouvoir dispersif et guérir par conséquent. Dans les cas où l'inflammation est prise à son début, l'eau froide a deux résultats : en tant que corps froid, elle resserre les vaisseaux et refoule le sang à l'intérieur; en tant que liquide-type, elle accapare l'excès de mouvement qui était la cause du mal.

Dans certaines maladies de peau très-graves, où

le malade n'a de force à peine que pour soutenir la vie élémentaire, les médecins anglais ont compris que l'eau était un agent trop énergique, et, défendant les bains qui épuiseraient le malade en lui ôtant le courage de se nourrir, ils prescrivent l'emploi de l'axonge, je veux dire du saindoux, qui est un dispersif moins puissant.

Que se passe-t-il quand un homme qui a bien dîné va, soit se jeter à l'eau, soit prendre un bain chaud ou froid, peu importe? La digestion est un phénomène tout intérieur, qui emploie au centre de l'individu les forces qui étaient tout à l'heure répandues dans son corps. Cette concentration de la vie dans l'estomac et dans les intestins, qui s'appelle digestion, est si grande, que l'homme qui a bien dîné doit s'occuper exclusivement de digérer; une émotion peut arrêter ce grand travail; la fatigue de la pensée lui est dangereuse, la marche même nuisible. Hippocrate allait plus loin : il défendait tout travail à l'homme qui a grand'faim. On dit: le travail de la digestion, l'angoisse de la faim, pour bien expliquer que la faim et que la digestion excluent tout autre travail, toute autre préoccupation. Chez les personnes qui n'ont pas une grande dose de vitalité, ces deux phénomènes sont accompagnés de frissons, leurs forces désertent complétement l'extérieur du corps pour l'intérieur. Quand, ayant dîné, un homme affronte le contact de l'eau, le contraire a lieu : l'eau appelle à la périphérie les forces que la digestion concentrait à l'intérieur; elle appelle en quelque sorte à la frontière une armée qui était nécessaire au centre du royaume; les actions chimiques cessent; l'assimilation des aliments n'a plus lieu; ces aliments devenus aussi mortels que des poisons encombrent toutes les voies; par contre, le cerveau n'ayant plus de contre-poids se congestionne; noyé en dehors, étouffé en dedans, le baigneur est un homme mort.

Les livres disent qu'il faut attendre deux à trois heures après ses repas pour se baigner; cela n'est exact que dans la généralité des cas : une digestion occupât-elle six heures de votre journée, il faut attendre six heures. Mais, dira-t-on, quand je suis au bain, je peux manger. Cette objection n'en est pas une; elle confirme les réflexions qui précèdent. Quand vous mangez au bain, c'est que vous avez de l'appétit; autrement ce serait une imprudence gratuite. Si vous avez de l'appétit, c'est qu'après l'excitation, qui s'est faite à la surface de la peau, il s'est produit une réaction, et c'est ce retour bienfaisant des forces à l'intérieur qui s'est traduit par de l'appétit, et qui vous permettra de digérer.

Une imprudence plus commune que celle de se baigner au milieu du travail de la digestion est celle que commettent ceux qui tout en nage se jettent dans une eau froide.

Il faut se déshabiller lentement et familiariser son

corps à la température de l'air avant d'entrer dans le bain ; les précautions ne se bornent par là : ici je fais appel au souvenir que chacun garde de son premier bain. Le novice met un pied dans l'eau, puis le retire; craignant de paraître pusillanisme, il enfonce résolûment les deux pieds; puis il s'avance dans l'élément perfide, mais lentement; l'eau monte et l'eau le suffoque; quand elle baigne le creux de l'estomac, il ne respire plus, la tête lui brûle. En un mot, ce premier bain est très-désagréable. C'est que cette manière, en apparence si sage, d'entrer au bain, est illogique au dernier point. Vous avez souffert la première fois au creux de l'estomac et à la tête, baignez d'abord dans les bains suivants la tête et le creux de l'estomac. Ces ablutions copieusement faites, entrez dans l'eau; point de maux de tête : le sang en a été chassé; point de suffocation : la circulation a reçu déjà, par l'application de l'eau au creux de l'estomac, les modifications essentielles qui sont nécessaires pour qu'un bain soit salutaire et agréable.

## Piquer la tête la première.

Les nageurs émérites, mettant la tête entre leurs bras, les mains jointes, se jettent d'un point élevé ou rebondissent après un élan et un coup de jarret sur le tremplin.

Ils tombent la tête la première, mais ils donnent à leur corps dans cette chute une courbe qui évite les plats-dos, les plats-ventres, etc., risibles et dangereuses aventures.

### Les pieds devant.

On peut encore se laisser tomber d'une hauteur assez grande, les pieds les premiers, les jambes serrées afin de ne rien présenter au fil de l'eau, qui coupe comme un rasoir, et les mains collées au corps. Le principe ghyiénique est le même : subir presque simultanément avec tout son corps le contact de l'eau. C'est aussi le principe de la douche, sur laquelle nous reviendrons.

Il n'y a donc d'irrationnel que l'immersion graduelle et lente.

## IV

## L'ART DE NAGER APPRIS SANS MAITRE

Nous supposons que l'apprenti nageur s'est déjà familiarisé avec l'eau et qu'il est bien persuadé qu'il est impossible aux trois quarts des hommes de couler à fond en gardant une complète immobilité et en respirant toutes les fois que leur bouche revient à la surface du liquide, et enfin que quelques mouvements suffisent, soit des pieds, soit des mains, pour se maintenir dans cet élément, dangereux seulement pour ceux qui perdent la tête. L'apprenti nageur a choisi un endroit où le courant est faible, où l'air n'est point trop vif; car c'est là qu'il doit se déshabiller, et, pour peu que son corps ait la transpiration ou l'échauffement inséparable de la marche, il attend avant de s'exposer au froid d'un courant d'air. Pour plus de précaution, il essuie son corps avant d'entrer dans l'eau.

Novice dans l'art de nager, il ne cherchera point un talus ou une branche d'arbre pour s'élancer la tête la première. Deux raisons s'y opposent : la première, c'est qu'il ne connaît pas la profondeur de l'eau, et, faute de cette connaissance, il pourrait enfoncer sa tête dans la vase ou la briser sur une pierre (il faut, en effet, que l'eau soit haute d'au moins six pieds, de quinze si l'endroit d'où on se précipite est très-élevé, pour qu'on n'ait rien à craindre de cette immersion rapide); la seconde raison, c'est que cette manière d'entrer dans l'eau — en conquérant — n'appartient qu'à ceux qui en ont la science et la pratique. L'apprenti nageur s'est donc mouillé, suivant nos recommandations, la tête et le creux de l'estomac; il s'avance dans l'eau jusqu'à ce que ses épaules soient baignées. Alors il se retourne et regarde le bord du rivage avec le désir de regagner, en nageant d'une manière ou de l'autre, ce plancher des vaches, dirait Rabelais. On comprend que les rivières dont les bords ne sont pas abrupts, et dont le lit baisse insensiblement, sont celles que doivent rechercher les commençants; car, dans un cours d'eau qui devient profond à quelques pieds de son bord, le champ de l'expérience est trop exigu et n'est pas sans danger. Au contraire, si la déclivité du lit est graduelle, l'eau n'atteindra les épaules de l'apprenti nageur qu'à plusieurs mètres du rivage, et, sans courir aucun risque, il pourra se lancer vers le bord en employant la méthode que nous avons décrite au chapitre II sous le nom de *nager en coulant*. Seulement, s'il n'existe pas près du bord de poteau, l'apprenti nageur reprendra pied et interrompra cet exercice dès qu'il n'y aura plus assez d'eau pour le soutenir. Il arrivera certainement que, n'ayant pas bien pris ses mesures, l'apprenti nageur, quelquefois, ne se mettra pas à temps sur ses pieds, ou bien qu'en essayant de s'y mettre il fera un faux pas sur le fond glissant de l'eau. Le voici donc pataugeant dans l'eau et faisant à peu près la figure de quelqu'un qui se noie, c'est-à-dire relevant brusquement hors du liquide une tête toute mouillée; puis, toute présence d'esprit perdue, replongeant aussi brusquement sa tête avant d'avoir respiré; enfin respirant dans l'eau, c'est-à-dire buvant un coup Mais, comme ce naufrage se passe dans une baignoire, il est sans danger, mais non sans enseignement : perdre pied n'est rien quand on ne perd pas la tête, et boire un coup en gardant tout son calme est plus important que d'avoir, par chance ou par habileté, nagé bien des fois sans subir ce désagréable incident. C'est ainsi que les bons cavaliers ne se glorifient jamais de ne pas tomber de cheval, mais au contraire d'en tomber sans avoir peur, sans se rompre le cou.

### Nage du chien.

Une fois accoutumé à regagner le bord d'une manière ou de l'autre, l'apprenti nageur, moins novice, s'étant avancé dans l'eau jusqu'aux épaules, tourne cette fois le dos au rivage le plus proche, et, avisant soit un pieu, soit une barque — montée par ses amis prêts à lui porter secours, s'il en a besoin, — il se donne la tâche d'atteindre cette barque ou ce pieu. Pour arriver à cette fin, et avant d'employer le moyen que nous allons lui indiquer, l'apprenti nageur devra, au préalable, se tenir le raisonnement qui suit :

« Canard ou chien de Terre-Neuve, rien ne me serait plus facile que de regagner ce bateau : avec mes pieds palmés, j'opérerais une pression sur l'eau, qui me la rendrait en me supportant et en me faisant avancer; mais mes pieds ni mes mains ne sont palmés. Cependant est-ce bien sûr? Quand je joins les doigts de mes mains et que je leur donne une position horizontale, ma main ne fait-elle pas battoir et ne peut-elle pas rivaliser avec la patte du canard ou du chien de Terre-Neuve? Si, au contraire, les doigts toujours serrés, ma main prend une direction verticale, n'a-t-elle pas une autre similitude avec les pieds palmés, et, si mon orgueil d'homme ne me trompe pas, une certaine supériorité de manœuvre ne lui est-elle pas dévolue? Justement une bande de canards passe en ce moment près de moi; la transparence de l'eau me permet de saisir dans son ensemble et dans ses détails leur manière de nager : ils donnent d'abord un simple ou double coup de battoir, selon qu'ils veulent ou aller droit ou se diriger de côté; mais là n'est point la question. Le coup de battoir donné aussi vigoureusement qu'un coup de rame, ils laissent leurs pattes inertes en les repliant, et ils les ramènent le plus près possible de leur ventre, afin de ne pas contrarier, par une résistance nouvelle et opposée, la première impulsion qu'ils se sont donnée. Quand ils sentent qu'ils n'avancent plus, ils donnent un second coup de battoir; cependant leurs pieds palmés, qu'ils n'arrivent pas dans le second temps de leur manœuvre à effacer complétement, opposent à l'eau une certaine résistance qui nuit à la première impulsion. Ce retard est bien plus visible dans la natation du chien de Terre-Neuve; il ne réussit pas, à cause de sa conformation, à soustraire ses pattes au courant; aussi sa première impulsion est vite épuisée : il ne nage pas, il patauge. C'est ce qui fait dire à Toussenel que le genre chien n'est pas complet, puisqu'il ne possède pas une espèce véritablement aquatique. Le chien de Terre-Neuve est moins terrestre que les autres, voilà tout. Il me semble que je dois à ma qualité d'homme d'opposer à l'eau d'abord une grande résistance en frappant l'eau à plat, et ensuite une résistance aussi faible que possible qui ne détruira pas la première en coupant l'eau avec mes mains placées verticalement, et cela me sera d'une précieuse utilité pour nager aussi naturellement que l'animal. »

L'apprenti nageur a raison : il a de l'eau jusqu'aux épaules; quelques pas de plus, il en aurait pardessus la tête; mais il se lance résolûment, et, posant à plat sur l'eau ses mains, — dont les doigts sont serrés, — il les enfonce jusqu'à une certaine profondeur, et, pendant qu'il se sent soutenu, il les remonte à la surface en les tenant verticales et ainsi en coupant l'eau; il ne se presse pas, c'est essentiel; il ne recommence à presser l'eau à plat que quand il se sent enfoncer.

Telle est la meilleure manière de se soutenir dans l'eau que nous puissions recommander; elle ne fatigue pas, elle rend maître de l'élément dès le troisième ou quatrième essai et, comme un petit succès enhardit, elle prépare heureusement à des méthodes plus compliquées.

Les jambes, dont l'homme se sert si facilement pour la marche, sans se rappeler la longue éducation de son enfance, ont une utilité différente et une importance égale dans la natation; en effet, la plante des pieds, qui est tout quand l'homme marche, n'est presque rien quand il nage. C'est par la façon dont il presse l'eau avec ses cuisses que l'homme avance dans l'eau; il y a donc toute une nouvelle éducation à faire pour les jambes, quand on veut devenir aussi bon nageur que bon marcheur. Mais si l'apprenti nageur peut se soutenir avec ses mains dès ses premiers essais, il ne pourrait pas le faire de même avec ses jambes, car cet exercice est plus savant et moins naturel. Il est donc nécessaire ou que l'élève recoure à un maître, ou, ce qui rentre dans l'idée de notre chapitre, qu'il fasse usage d'aides matériels. Un maître d'ailleurs ne peut faire guère autre chose, après avoir expliqué les mouvements des jambes dans l'eau, qu'attendre que son élève se les soit rendus naturels. Il fait là tout au plus l'office de la nourrice qui apprend au baby à marcher. Un ami qui d'une main tient un livre de natation et de l'autre soutient le ventre de l'apprenti nageur peut, dans une eau bien connue et peu rapide, remplacer le maître ès natation; et si l'apprenti sans maître se sent l'instinct de joindre le mouvement des bras au mouvement des jambes, l'ami complaisant lui soutiendra, non le ventre, mais le menton, afin que sa tête n'enfonce pas dans l'eau, ce qui s'appelle, en terme technique, *faire la barbette*. Nous supposons que l'ami n'est point farceur, et qu'il ne laisse pas de temps en temps plonger la tête de l'apprenti dans l'eau. Ces sortes de mésaventures n'endurcissent que ceux dont les dispositions et le tempérament dispensent de tout aide, et qui nagent bien et vite en quelque sorte naturellement. Quant au commun des hommes dont, à un point de vue ou à un autre, chacun de nous fait partie, ces farces qui amusent les autres, les découragent et, si on cherchait bien dans la vie de ceux qui ont la répulsion de l'eau, on verrait que ce sont des accidents pareils, — ou plus graves, — qui les ont à jamais éloignés de cet élément.

## Des Aides.

Les aides naturels sont la corde, la planche de liége et la ceinture de liége.

On peut se passer la corde en guise de ceinture; l'autre bout est tenu par un ami ou attaché à une branche; mais comme il s'agit d'apprendre le mouvement des jambes et que les bras ne sont pas soutenus, cette manière offre de graves inconvénients qui peuvent amener le découragement. La corde ainsi passée ne préserve d'aucune mésaventure. Si un arbre avance un de ses rameaux au-dessus de l'eau, on peut attacher la corde à une extrémité où le rameau est encore solide, et, cette fois, tenant l'autre bout de cette corde avec les mains, on peut alors exercer uniquement ses jambes ; mais, comme le fait remarquer M. Julia de Fontenelle dans son remarquable traité, la corde peut échapper des mains au moindre événement qu'on n'a pas prévu, et seuls peuvent s'en servir avec sûreté ceux qui se baignent sans chercher à apprendre à nager. Nous renvoyons la ceinture de liége au chapitre qui traitera *de l'action simultanée des bras et des jambes.* La planche de liége reste donc comme l'aide matériel le plus efficace pour celui qui veut se rendre naturel ce coup de cuisse qui constitue toute la difficulté de l'emploi des jambes dans l'eau.

### Du coup de jarret.

Les mains, et par suite le haut du corps soutenus par la planche de liége, l'apprenti nageur plie d'abord les genoux en rapprochant autant que possible ses talons de ses fesses : en un mot, il tend le ressort qui partira tout à l'heure. Puis, écartant les jambes, tant pour embrasser la plus grande surface d'eau que pour présenter à cette eau la plus large partie de ses cuisses, il lance ses pieds à droite, à gauche, simultanément : il détend violemment le ressort. C'est ainsi qu'il réalise le mouvement propulseur le plus énergique qui lui soit donné par la nature. Quand l'action de ce mouvement est épuisée, et au moment où il va cesser d'avancer, avec la sagesse et la lenteur de l'homme qui profite d'un résultat acquis, il ramène ses talons à ses fesses; en un mot, il recommence.

Dès que l'apprenti nageur sait exécuter cette suite de coups de jarret et de temps de repos avec force et avec régularité, l'art de la natation lui a révélé le plus important de ses secrets : il n'est pas encore maître, mais il peut se passer de maître.

## V

## ACTION SIMULTANÉE DES BRAS ET DES JAMBES

L'action simultanée des bras et des jambes présente de réelles difficultés, et on a cherché pendant bien longtemps des moyens mécaniques pour accoutumer le corps à opérer régulièrement ces deux mouvements. M. Le Chevalier nous semble avoir fait une découverte aussi précieuse que simple, dont nous trouvons un compte rendu fait par un des hommes les plus compétents, M. Édouard Corbière, le romancier de marine si estimé des marins.

## Natateur le Chevalier.

M. Le Chevalier était tourmenté depuis longtemps de la solution du problème qu'il s'était posé chaque fois qu'il avait vu périr des naufragés, bien plus par ignorance de la natation que par la violence de la mer; et comme il habitait le Havre et qu'on le vit toujours un des premiers sur les lieux du danger, les occasions ne manquaient pas de se poser de nouveau ce problème. Médaillé, décoré, sauveteur émérite en un mot, M. Le Chevalier pensait cependant qu'il est plus digne de l'homme de se sauver lui-même, et il rêvait une propagation générale d'un art qu'il voulait rendre accessible à des corps entiers, à des masses d'individus. L'inventeur imagina les combinaisons les plus complexes avant d'arriver à la simplicité qui distingue les inventions véritablement utiles, et ce fut, comme toujours, un fait journalier qui lui dicta la solution qu'il cherchait depuis tant de temps. Figurez-vous un de ces manéges, dits *de chevaux de bois* : enlevez les chevaux, remplacez-les par des plateaux assez larges pour soutenir convenablement un homme couché horizontalement; simplifiez et rendez plus sensible le ressort de la machine de manière à ce que la moindre impulsion donnée aux traverses par les plateaux qui les terminent suffise pour faire tourner la machine : vous avez le *natateur Le Chevalier* dans toute son ingénieuse facilité de moyens d'installation. L'apprentissage est peut-être plus simple encore. A un signal donné, dit M. Corbière, les élèves couchés sur leur plateau vers le milieu du corps, font mouvoir leurs bras et leurs jambes dans un plan horizontal; ce mouvement communique à la machine la force nécessaire pour qu'elle tourne sur son pivot, et la séance dure jusqu'à ce que cette nage dans l'air ait familiarisé les élèves avec les mouvements qu'ils devront exécuter pour se maintenir sur l'eau.

Les premières expériences furent faites sur des marins et des soldats. Les mouvements furent commandés militairement (1, 2!) par leurs officiers sous la direction de M. Le Chevalier. Au bout de deux séances, deux à trois cents jeunes marins et soldats purent, à Cherbourg, nager à pleine eau à la sortie de ces cours préliminaires : ils savaient nager avant même d'en avoir conscience. Le fait est constaté par un rapport du préfet de Cherbourg au ministre de la marine.

Cependant ce procédé si utile parce qu'il reproduit exactement dans l'air ce qui se passe dans l'eau, n'a pas reçu d'applications officielles : tout est si lent par la voie administrative. Certain de l'efficacité de l'invention de M. Le Chevalier, et porté à placer plus de confiance dans les efforts individuels que dans les secours qui viennent d'en haut, nous prions instamment les maîtres de bains d'installer de semblables manéges, et nous croyons sérieusement, justement parce que l'idée a un côté ridicule, qu'un industriel qui convertirait ses chevaux de bois en natateur Le Chevalier aurait une nouvelle clientèle plus nombreuse que la première. Après tout, nager dans l'air est plus hygiénique que d'aller à cheval sur un cheval de bois.

## La Brasse.

La brasse est la manière de nager où l'action des bras et celle des jambes se combinent le plus énergiquement. Les autres modes de natation dérivent de celui-là, et il est difficile de pratiquer les seconds si on ne sait pas à fond le premier.

Comme la tête de l'homme est bien plus lourde que l'eau, on ne peut nager rapidement qu'en enfonçant sa tête dans l'eau pendant la première partie de la manœuvre. D'un autre côté, respirer est très-nécessaire : la respiration sera le but de la seconde partie.

Nous avons vu en étudiant la conformation des mains que celles-ci étaient des rames, et au contraire en énonçant comment se donne le *coup de jarret*, nous avons montré que les cuisses sont l'agent propulseur le plus énergique. Donc pour avancer pendant la première partie de la brasse, les mains devront aider l'impulsion des jambes, et pour respirer, dans la seconde partie de l'opération, les jambes devront s'arranger pour ne pas gêner le bon office des mains qui, travaillant comme des rames, soulèvent le haut du corps et mettent la bouche hors de l'eau. On comprend dès à présent qu'une longue haleine est aussi importante pour bien nager à la brasse que des membres vigoureux, car le temps que permet cette longueur d'haleine de rester la tête enfoncée dans le liquide, laisse le nageur épuiser toute l'impulsion de *la brasse*, et l'empêche de recourir à ces mouvements précipités, qui font perdre à la fois le sang-froid, les forces et les distances qu'on a déjà franchies. Un temps de repos, après des mouvements donnés avec méthode et énergie, nous semble si nécessaire, que nous ferons de ce temps de repos un des temps principaux de *la brasse*.

PREMIÈRE PARTIE DE LA BRASSE.

1° Tendre le double ressort des bras et des jambes, c'est-à-dire, plier les deux jarrets, en les écartant (essentiel), pendant que les coudes serrent contre les flancs, que les mains se joignent par les extrémités de tous leurs doigts et qu'elles se rapprochent le plus près de la figure.

2° Détendre violemment le double ressort, c'est-à-dire lancer simultanément ses pieds à droite et à gauche, pendant qu'on jette en avant ses bras et ses mains, plongeant la tête dans l'eau pour qu'elle ne pèse plus.

3° Profiter de l'impulsion, c'est-à-dire prendre un temps de repos; le corps restant ainsi allongé, bras et jambes, fend mieux l'eau et perd moins vite l'élan que lui a communiqué le mouvement n° 2. Au moment où l'on sent que cette impulsion va s'épuiser, ramener ses talons contre ses fesses.

### DEUXIÈME PARTIE DE LA BRASSE.

Il faut respirer : pour cela, ramer à la surface de l'eau, en tournant ses mains à plat et en écartant ses bras mollement arrondis. Le haut du corps se soulève; la tête émerge : on respire largement.

### RECOMMENCER.

Il est bon de remarquer que les jarrets sont déjà tout pliés et qu'il suffit de rapprocher les coudes du flanc et les mains de la figure.

### La Marinière.

La marinière ne diffère de la brasse qu'en ce que les bras n'opèrent point ensemble, mais séparément. Ainsi, pendant qu'on tend le bras droit en avant en se couchant un peu sur le côté, afin que la tête soit soutenue par le bras droit, — le bras gauche au contraire est collé le long du corps et s'appuie sur l'eau. Pendant que chacun des bras a une position si différente, les jarrets sont écartés et prêts à détendre leur ressort.

Le second mouvement consiste à détendre le ressort et à profiter de l'impulsion pour changer la position des bras : le bras droit va en rasant l'eau se coller le long du corps, et le bras gauche se détache des cuisses pour se porter en avant. Nécessairement, le nageur s'appuie cette fois du côté gauche, ainsi de suite. Il respire chaque fois que sa tête est soulevée par le bras qui vient en avant fendre l'eau.

Plus fatigante que la brasse, la marinière convient toutes les fois qu'on veut saisir quelque chose avec une main.

### La Coupe.

La coupe est une modification de la marinière. Elle meut alternativement les bras, mais elle leur demande une action plus énergique et plus compliquée. Son but est de *couper* l'eau, c'est-à-dire de réaliser la plus grande somme de mouvement en faisant la plus grande dépense de forces. La comparaison de l'homme avec l'animal a donné à ce mode de natation le nom de *nage à la marsouin*. On ne nage ainsi que dans le but d'une gymnastique violente, ou dans un cas de danger qui exige qu'un grand espace soit franchi en peu de temps. Voici comment on procède :

Au lieu d'être inclinée, comme dans la marinière, la position générale du corps est droite et horizontale, le bras droit est en avant, le bras gauche rase le corps. Quant à la tête, on l'enfonce dans l'eau, car il s'agit de peser le moins possible.

Les jambes sont repliées et écartées.

Le nageur lance ses pieds à droite et à gauche simultanément pendant que la main du bras droit qui est en avant, fait un mouvement d'aviron à droite et à gauche successivement. Tel est le premier mouvement.

Le second mouvement, qui est celui de la respiration, est celui qui fatigue le plus : car il faut ramener son bras droit en le repliant sous sa poitrine qui, se soulevant, permet de respirer. En même temps, on plie les jarrets. Puis, continuant l'effort du bras droit qui a refoulé l'eau, on le met dans la position qu'occupait près du corps le bras gauche, et celui-ci, se dégageant du liquide et s'élevant au-dessus de sa surface, va prendre en avant la position du bras droit. Alors, pendant que les jarrets se déploient, c'est le bras gauche qui godille à droite et à gauche.

Il est bon de remarquer que, pour passer du long des cuisses en avant de la tête, la main qui fait ce trajet doit tenir pliée sa première phalange et ne l'ouvrir qu'au moment où elle va opérer son mouvement d'aviron.

VI

## DES MANIÈRES DE NAGER SUR LE DOS

Une remarque que tous les sauveteurs ont faite, c'est que l'homme qui ne sait pas nager, se noie en raison même de ses efforts, et qu'à l'imitation de l être pris au piége qui s'étrangle par ses bonds, le naufragé semble s'ingénier à enfoncer dans l'eau; tant il embrasse le liquide avec force; tant, après avoir soulevé sa tête, il la replonge brusquement. Regarder le ciel est un point très important quand on commence : c'est le meilleur moyen d'éviter le vertige de l'eau, de la trouver commode et d'y être selon le mode qui rappelle le plus l'état naturel de l'homme sur terre : la face au ciel. Aussi la planche est-elle, avec toutes les méthodes de se tenir sur le dos, recommandable à ceux qui veulent apprendre, à ceux qui veulent se reposer.

### La Planche.

Le nageur s'avance dans l'eau jusqu'à ce que sa poitrine soit mouillée; il se penche en arrière comme s'il voulait tomber à la renverse, et il fait décrire un arc de cercle à ses bras comme pour amortir sa chute; au moment où ses mains sont le plus écartées de son corps, il frappe le fond de l'eau avec ses pieds et, s'il a bien pris ses mesures, son corps entier surnage dans une position à peu près horizontale.

Lorsqu'on a déjà essayé de la brasse et de la coupe, et que l'on veut se reposer de ces exercices violents par la *planche*, il faut se mettre sur le dos avec toutes les précautions imaginables, et pendant qu'on distend sa poitrine renverser sa tête en arrière, et ne laisser à la surface de l'eau que la bouche, le nez et les yeux.

Les bras et les jambes sont tendus et les mains seules doivent exercer un mouvement de nageoires. Les novices ne savent pas remuer les mains sans agiter l'avant-bras, ce qui diminue l'impulsion. Autrement, ce mouvement des mains, quand il est exécuté dans les règles, suffit pour faire remonter un courant encore assez rapide.

Quand on ne fait la planche que pour se reposer et aller à la dérive, on peut croiser les jambes l'une sur l'autre et les bras sur la poitrine. Mais il faut remarquer que le gonflement de la poitrine fait seul dans ce cas flotter le reste du corps : on devra donc respirer lentement et sans cesser de tendre ses poumons.

### La brasse sur le dos.

L'union de la planche et du coup de jarret s'appelle la brasse sur le dos. Lorsqu'on remonte un courant, il arrive souvent qu'au moment où on rapproche les talons des fesses, la tête enfonce un peu; il ne faut pas s'en effrayer et on ne respirera qu'au moment où, le coup de jarret donné, le nez et la bouche remonteront à la surface.

### Manière de tourner en nageant.

Si on nage sur le ventre en employant la coupe la brasse ou la marinière, en tournant sa tête et en déplaçant ses jambes, à peu près comme le ferait un enfant couché sur un tapis, on change la direction de sa nage.

Mais quand on nage sur le dos, on ne peut tourner qu'en tenant une jambe immobile, et c'est du côté de celle qui seule s'agite encore, que s'opère la nouvelle direction de la nage.

## Le Plongeon.

Le plongeon est important pour ceux qui veulent retirer de l'art de la nage une utilité quelconque. C'est la partie industrielle de la natation; c'en est aussi la partie héroïque. Sans plongeur point de perles, point de corail. Si on ne plongeait pas, il n'y aurait jamais d'homme sauvé de la noyade; un capitaine de navire ne connaîtrait jamais quel est le fond de l'eau, sa profondeur, sa nature, ses dangers. Quand l'hélice d'un vaisseau s'arrête, qui reconnaît l'obstacle? Un plongeur. Qui le coupe au péril de sa vie? Un plongeur.

Plonger se compose de deux actes bien différents : se jeter à l'eau et s'y diriger ou gagner le fond selon les cas.

On se jette à l'eau de bien des façons, soit en se laissant tomber debout *un pied en avant*, soit en *piquant une tête*, et le corps s'arrondit, s'efface et décrit un arc en tombant, car l'eau flagelle, coupe et tue quelquefois quand on ne sait pas prendre son fil.

Il faut garder, une fois dans l'élément, les yeux ouverts; sans cela, que ferait-on d'utile? Alors on se dirige dans l'eau par tous les moyens connus ou bien on nage à grande brasse vers le fond, selon les nécessités du cas.

Une minute, c'est long quand on n'a pas de branchies pour séparer l'air de l'eau, quand on n'est pas poisson, ou bien quand on ne sait pas faire des provisions d'air comme les cygnes, qui restent tant de temps leur long col blanc enfoncé dans l'eau et qui le retirent sans hâte, s'occupant à manger l'herbe ou le poisson happé au passage, sans paraître ressentir le besoin de respirer, sans pousser ces ho! et ces ha! si indispensables au meilleur plongeur pour reprendre haleine. Toutefois, les sujets brillants plongent deux à trois minutes, mais la dernière de ces minutes leur paraît toujours plus longue que les autres : un siècle quelquefois. Tant il est vrai que le temps n'existe pas en lui-même et n'est que le résultat d'une comparaison!

## DES ACCIDENTS.

Les dangers auxquels sont exposés les nageurs sont de deux sortes : ou ils naissent de la constitution de l'homme qui nage, ou ils viennent d'embarras que présente l'eau elle-même. Les *crampes* rentrent dans la première catégorie; les *herbes* et les *tourbillons* dans la seconde. On ne connaît guère de remède préventif contre les crampes, et les meilleurs traditions natatoires ne savent donner que le conseil de ne pas affronter l'eau quand on est sujet à ce mal. Cependant nous croyons que l'usage des compresses et des draps mouillés serait un excellent préservatif et nous renvoyons le lecteur à notre chapitre : *De l'hydrothérapie*. La théorie de Priessnitz une fois comprise, il devient évident que la crampe n'est que l'effet de l'eau impressionnant inégalement un même muscle et qu'elle décèle une faiblesse dans le muscle. Le fortifier, — et l'hydrothérapie est un système régénérateur, — c'est donc faire disparaître la cause des crampes.

Mais une mauvaise disposition du corps peut occasionner des crampes aux bras ou aux jambes chez le meilleur nageur de la meilleure constitution. Cet accident équivaut à la perte d'un membre sur le champ de bataille et est pire qu'une paralysie puisque cette paralysie est douloureuse. Après avoir essayé de faire passer la crampe par des secousses vigoureuses, si le mal conserve son intensité, il faut prendre son parti de l'impuissance du membre affecté et nager avec ceux qui ne refusent pas leur service. C'est ainsi que l'art de nager n'est complet qu'autant qu'on peut avancer dans l'eau dans toutes les positions, avec un seul bras ou une seule jambe, avec le simple mouvement des mains.

Mais le sang-froid et la nécessité sont les meilleurs professeurs ; aussi nous contentons-nous de signaler le danger.

Bien que les eaux européennes ne possèdent pas de requins qui coupent une cuisse d'un coup, que nos plages n'aient pas les crabes géants de Cayenne, si terribles sentinelles qu'on laisse les côtes à leur unique garde, cependant il existe dans les eaux peu courantes des herbes, et dans les eaux profondes des tourbillons qui, chaque année, prélèvent dans le bataillon toujours si nombreux des imprudents sans présence d'esprit, leur contingent de victimes.

Résister aux herbes, c'est nouer davantage leur enlacement. Résister au tourbillon, c'est retarder d'autant l'instant où nécessairement on doit en sortir. Aussi l'immobilité est-elle recommandée d'abord au nageur qui s'est engagé dans les herbes ou qu'un tourbillon a enlevé. Seulement l'immobilité n'est nécessaire à celui qui est pris dans les herbes que pour avoir le temps de se reconnaître Quel membre est retenu? Les herbes sont-elles sèches? cassez-les. Gluantes? faites-les glisser. Ces herbes sont-elles de celles qui coupent? Nageant sur le dos, gagnez le large par des mouvements insensibles.

Quant au tourbillon, il ne vous a pris que pour vous rendre. Attendez tout de son mouvement circulaire, il vous a attiré par une tangente; par une tangente, il vous rejettera.

## Nage en mer.

On se baigne en mer plutôt qu'on n'y nage. Aussi renvoyons-nous le lecteur au chapitre que nous consacrons aux bains de mer; car ce bain chimique et magnétique tient plus de la médecine que d'un simple exercice gymnastique. A cette place, nous ne pouvons que parler des vagues.

La mer est souvent unie comme un lac, surtout pendant les deux heures de son plein. Mais le plus souvent, ses eaux éprouvent un remous ascendant ou descendant qui s'appelle flux et reflux. L'excessive mobilité de la mer fait qu'elle monte ou qu'elle descend par des fluctuations, par des lames qu'on nomme *flots* quand elles sont douces, *vagues*, dès que leur volume, leur bruit et leur rapidité s'augmentent. Le flot clapote; la vague déferle. Le flot est un agrément de la nage en mer; c'est une caresse. La vague en est le danger. C'est tantôt un fouet, tantôt une massue. Qui perd la tête, compromet sa vie.

Quant à ces effroyables montagnes d'eau qui sont les décors tragiques des naufrages, il faut pour les affronter être Paul et avoir Virginie sur le *Saint-*

*Geran*. Et encore faut-il être d'une certaine constitution platonique pour ne pas voir avec une rage atroce cette fille préférer la pudeur à l'amour.

Ces vagues formidables qui rejetaient si durement Paul sur la plage, portèrent non moins durement le matelot du *Saint-Géran* sur les rochers du rivage. Ce qui indique l'impossibilité où l'on est de leur résister. De la terre au vaisseau, elles ne laissaient rien parvenir. Du vaisseau à la terre elles rejetaient tout, les débris fracassés, les naufragés évanouis, Virginie morte. C'est ce qui se passe dans tout véritable naufrage. Et ces marins, vrais loups de mer, cœurs souvent héroïques, tempéraments bronzés comme leur peau, ne se sauvent que parce qu'ils savent, en faisant la planche, flotter comme des épaves, attendant ou que le flot les porte, ou qu'il leur permette de faire quelques brasses.

Le sauvetage merveilleux que M. Chavanne a opéré sur lui-même, prouve jusqu'à quel degré d'énergie peut aller la volonté humaine.

Il a flotté douze heures comme une bouée, souffrant la faim, roidi convulsivement contre le sommeil, contre la mort, contre cette convulsion elle-même qui menaçait de paralyser ses membres.

Il en est d'autres, comme des capitaines qui ont fait une espèce de pacte avec leur vaisseau, comme Gabriel Ferry, ce héros et ce romancier d'aventures à la Fenimore Cooper, qui pensent avoir assez lutté, et qui, sans faire un mouvement sombrent avec leur navire.

Sans courir si loin de tels dangers, on peut se noyer à quelques mètres du galet. Une vague plus haute qu'on n'a pas prévue, étourdit; une seconde survient: elle assomme; une troisième, elle submerge. Aussi, quand on ne sait pas prendre la lame, la crever si elle est faible, se laisser soulever par elle si elle est forte, la planche est le moyen de salut le plus simple et le plus sûr. Du sang-froid, c'est là qu'il faut toujours revenir.

## Derniers conseils à l'apprenti nageur.

Quand une toile n'est pas achevée; si habile que soit le peintre, les tons sont heurtés; les transitions qui naissent des plus hautes spéculations de l'art, ne sont pas trouvées. Ce sont les dernières touches qui font disparaître cet aspect chaotique. Rubens laissait commencer ses toiles par ses élèves sur le plan qu'il leur fournissait. L'œuvre menée par le disciple aussi près de la perfection que possible, le maître commençait le travail de la retouche et il transfigurait si rapidement le tableau, il mettait si lisiblement à tous les points de sa toile les signatures de son génie que personne ne s'avisait de contester la paternité de Rubens. Or le peintre-gentilhomme-diplomate d'Anvers était aussi un négociant, et autant de jours il passait sur la toile ébauchée par le disciple, autant de 200 florins il se faisait payer.

C'est ainsi qu'un maître de dessin, un professeur de rhétorique, avec leurs habitudes scolastiques, ne sont ni peintre ni orateur. L'échafaudage est nécessaire à l'érection de tout monument, mais l'art, c'est de le faire disparaître dès que le gros œuvre est fini. De même, beaucoup de règles que nous avons dû énoncer dans notre traité perdront de leur importance à mesure que l'apprenti passera maître. Un nageur est chez lui dans l'eau; il se retourne sans secousse, il s'avance dans toutes les directions avec la plus petite somme possible de mouvements; il se permet d'oublier les règles parce que, s'étant pénétré du sens, il peut se passer du mot. Nous nous proposions d'écrire de notre propre cru ces *derniers conseils*, mais voici que, dans la *Vie parisienne*, recueil plein de science aimable et d'actualité piquante, nous avons rencontré un article sur la *Natation* signé Gustave Z. Or nous sommes friand de toute prose signée de ce prénom et de cette initiale.

Tout en respectant le demi-anonymat de Gustave Z., nous ne pouvons nous empêcher de louer son esprit charmant, son cœur délicat et sa plume, pittoresque comme un crayon. Son article sur la *Natation* est à ce que nous avons écrit jusqu'ici sur le même sujet ce que la toile achevée par Rubens était à l'ébauche de l'élève. Laissons donc parler le maître.

« Entrez dans un bain froid, un jour de grande chaleur, faufilez-vous au milieu de toute cette viande, et regardez dans l'eau. Sur cinq cents individus barbotant dans cette grenouillère, vous trouverez à peine un nageur. Je ne crois pas exagérer ; il est certain que si, surprenant ces cinq cents baigneurs, vous enfonciez tout à coup leur tête dans l'eau, il y en a un à peine qui en sortirait souriant, sans toux, sans éternuement, sans suffocation. Essayez, et vous verrez.

« Or, pour moi, ce qui constitue avant tout le bon nageur, c'est précisément la sécurité et l'aisance dans l'eau. Il faut pouvoir s'y vautrer, s'y étendre, s'y rouler comme on le ferait dans un lit de plumes, s'y maintenir et s'y diriger avec des mouvements imperceptibles, et avoir des poumons assez exercés pour qu'en aucun cas l'immersion de la tête ne cause de surprise. Il faut aimer l'eau, en aimer les caresses, avoir confiance en elle, ne la pas tourmenter par des mouvements inutiles qui l'irritent, et en arriver à nager sans trop savoir comment.

« Piquer une tête d'une façon plus ou moins nette et de plus ou moins haut, entrer dans l'eau comme une flèche et en ressortir les pieds en avant, se jeter du paillasson deux à la fois l'un portant l'autre, entrer dans des cerceaux, bondir du tremplin, etc., sont autant d'exercices gymnastiques qu'il n'est point facile d'exécuter, qu'on a raison d'applaudir, mais qui n'ont rien de commun avec la natation proprement dite. On ne doit juger un nageur que dans l'eau ; tant qu'il n'y est pas tout entier, il ne peut être considéré que comme un homme qui fait des tours de force. Et la preuve de ce que j'avance, c'est que si, plongeant à fond, vous allez tirer par les jambes le monsieur qui vient de se jeter avec tant d'éclat, il arrivera le plus souvent que ce monsieur, surpris au milieu d'une aspiration, se débattra comme un beau diable, boira un coup (l'expression est consacrée), et finalement sortira de l'eau toussant, éternuant, crachant, suffoqué et les yeux injectés. Faites l'expérience vous-même.

« Donc nous ne nous occuperons que du nageur nageant.

« Rien au monde n'est plus simple que de se soutenir dans l'eau, et il faut vraiment que les gens qui coulent à fond et se noient y mettent bien de la bonne volonté. Vous avez vu cent fois, cher lecteur, des nageurs *faire le mort*, et si vous-même vous n'y avez pas réussi, ce n'est pas, croyez-le bien, parce que vous étiez trop lourd, mais uniquement parce que vous n'avez pas su placer vos bras et vos jambes dans une position telle que votre tête ne fût entraînée ni par le poids de ceux-ci ni par le poids de celles-là. Une fois allongé sur l'eau, si vous sentez vos jambes trop lourdes, écartez-les et augmentez, au contraire, le poids de vos bras, en les allongeant derrière vous, dans l'axe de votre corps, et réciproquement. Ce n'est là qu'une affaire de tâtonnements; la seule difficulté est de les faire avec sang-froid, et de ne pas perdre la tête pour une goutte d'eau qui vous entre dans l'œil ou une petite vague qui vous coupe la respiration.

« *Faire le mort* prouve clair comme le jour que le nageur a moins à lutter contre l'eau que contre lui-même. Ce sont les faux mouvements qui nous font couler à fond. La rivière ne demande qu'à nous porter. Un homme qui aurait du sang-froid et, entrant pour la première fois dans l'eau, s'y coucherait tranquillement, serait tout étonné d'y flotter sans difficulté. Voyez les bûches; savez-vous pourquoi elles flottent si bien? C'est uniquement parce qu'elles n'y pensent pas. Le jour où une bûche aurait peur de se noyer, elle coulerait à fond

« La condition la plus avantageuse, pour avancer vite, est, sans contredit, d'être entre deux eaux; c'est en effet, le cas où le corps est le moins lourd, et l'on sait, que, plus un bateau est léger, plus il est facile à mouvoir et devient rapide. *La coupe* offre un des moyens les meilleurs pour avancer vite, quoique la tête et un bras tout entier soient toujours hors de l'eau! Mais combien peu de gens savent détacher nettement ce mouvement du bras qui est à l'air. Il faut, vous le savez, l'épaule étant franchement sortie de l'eau, *aller chercher* son bras derrière soi, comme un joueur de paume qui prend son élan pour donner un coup de raquette horizontal, puis ramener son bras, sans le fléchir, devant soi..., etc.— C'est durant ce trajet horizontal du bras que le nageur se sent enfoncer. Or, la seule difficulté de *la coupe* est dans le travail du bras, je devrais dire de la main qui est dans l'eau ; c'est elle qui doit soutenir l'épaule et le bras qui, étant hors de l'eau, quadruplent de poids. On croit donner de la force au bras qui est dans l'eau en le ramenant aussi rapidement que possible vers le corps ; il faut, au contraire, ramener ce bras le plus longuement possible, et faire exécuter à sa main un mouvement de zigzag, de godille, qui vous donne du temps. Ce mouvement de godille ne demande qu'un peu d'habitude, et on arrive à le prolonger assez longtemps pour vous permettre d'exécuter en liberté, deux ou trois fois de suite, avec le même bras, ce mouvement de la coupe d'abord si difficile.

### De la passade.

« La passade doit se donner lentement, sans sortir le bras de l'eau ; la main doit en sortir à peine et, au moindre attouchement, la tête de l'ami disparaître. On donne des passades à deux, à trois; j'en ai vu donner à six et à sept; — mais il y a là une difficulté plus grande qu'on ne croit : elle consiste à ne pas se donner de coups de pieds dans l'eau, à éviter les gesticulations qui éborgnent les voisins, à ne pas perdre son rang et à remonter à la surface, de façon à ce que toutes les têtes apparaissent ensemble. Tout cela n'est pas absolument commode à exécuter avec perfection. Que d'heures, que de jours, grand Dieu! perdus à tout cela! Mais est-ce bien perdus qu'il faut dire? n'est-ce donc rien que ce bien-être délicieux que l'on éprouve en sortant de l'eau lorsqu'on s'y est longuement remué?

«... Il est de première nécessité de voir clair dans l'eau, et les passades sont excellentes en ce qu'elles vous y habituent.

« La natation tout entière se résume en ces quelques mots : « Ne point avoir peur de l'eau. » Une fois les poumons habitués à retenir leur souffle, une fois maître de sa respiration, on nage tout naturellement, on se sent supporté, et l'on peut à son gré, choisir entre tous les mouvements les plus efficaces et les moins pénibles. Le meilleur moyen pour apprendre à nager à un enfant serait de le prendre dans ses bras et de plonger avec lui, d'abord en le prévenant, puis peu à peu sans le prévenir. Avant tout se familiariser avec l'eau elle-même; quand on y est à son aise, tout est dit. Voulez-vous devenir nageur, plongez votre tête dans votre cuvette et restez-y le plus longtemps possible. »

## DU SAUVETAGE.

On n'attend pas de nous que nous donnions une relation exacte de tous les sauvetages et des moyens divers que les sauveteurs mettent en usage.

En effet, le sauvetage peut s'exercer sur les navires ou sur les hommes, ou sur le navire et l'équipage à la fois.

Le sauvetage d'un vaisseau enfoncé dans les eaux est tout entier du ressort de la mécanique et de l'hydraulique. On a vu le gouvernement russe repêcher toute sa flotte noyée au fond de la mer Noire, et tout ingénieur un peu habile et désireux de s'illustrer ne reculerait pas devant l'assèchement d'un bras de mer ou d'un lac pour opérer le sauvetage d'un seul vaisseau de haut bord.

Quand il s'agit de sauver un vaisseau qui vient de donner tous ses signaux de détresse, l'opération est moins savante mais plus intéressante peut-être, et ce n'est pas sans une véritable satisfaction que nous annonçons la découverte et la mise en pratique de mortiers qui lancent un harpon muni d'une corde permettant de haler la coque d'un navire quand bien même il ne resterait pas un marin de valide. Ce perfectionnement n'est pas sans importance.

Le seul sauvetage qui rentre dans le cadre que nous nous sommes tracé, est celui de l'homme par l'homme ; c'est le plus simple, le plus périlleux et le plus beau.

Quand, aux cris de toute une foule impuissante, un homme de cœur se jette par-dessus un pont pour sauver son semblable, il a deux ennemis : le fleuve, et surtout celui qu'il veut sauver du fleuve. Bien des drames se passent ainsi entre deux eaux. Bien souvent le noyé étrangle son sauveur, paralyse ses mouvements et le gouffre compte deux victimes au lieu d'une. Aussi le travail du sauveteur se compose autant de calcul que d'héroïsme, de brutalité que d'abnégation. Si le noyé le saisit, le sauveteur doit lui faire lâcher prise et ne reculer ni devant un coup de poing, ni devant un coup de pied.

Au milieu de cet élément dont la transparence douteuse accentue si vigoureusement la face dramatique des choses, si moribondes que lui apparaissent les convulsions du noyé, le sauveteur doit éviter d'être saisi par l'une de ses dernières étreintes, et pour cela replonger par une passade le mourant au sein de l'élément qui l'asphyxie. C'est donc une œuvre cruelle en même temps que magnanime que celle de sauver son semblable de l'eau, cet élément si plein de douceur, d'attirance et de perversité, que les poëtes de toutes les antiquités l'ont comparé à la femme.

On comprend que cette cruauté soit nécessaire, à moins qu'un dévouement stérile autant qu'inintelligent prétende qu'il vaille mieux faire deux victimes qu'une seule. L'héroïsme contient en lui-même une dose assez grande d'enivrement pour qu'il soit inutile de lui imposer une maxime qui tient plus de l'outre-vaillance que du véritable courage. Il faut laisser aux circonstances particulières, aux tempéraments particuliers, la latitude de périr quand on n'a pas sauvé. Mais il ne faut pas l'ériger en règle générale. Il faut, pour que ce drame d'une double mort ait un dénoûment légitime, que ce soit un homme qui se noie, en essayant de sauver sa femme. Et là, nous l'avouons, le génie de Victor Hugo n'est pas trop grand pour célébrer ce nouvel épithalame au fond d'un fleuve.

C'est en 1667 que, d'après les renseignements historiques les plus incontestables, furent jetées à Amsterdam les bases d'une société de sauveteurs. L'esprit ferme et positif qui caractérise la nature hollandaise a défendu cette première tentative de toute exagération. Cette société ne prit pas la devise trop fameuse : *Sauver ou perir*. Elle ne voulut pas de cette fausse alternative louée, en termes si magnifiques, par M. Jaybert, secrétaire général de la *Société centrale et de secours mutuels des sauveteurs du département de la Seine*. On n'exagère jamais la vérité, on la diminue, on atténue son importance. Et pour terminer un sujet qui nous est à la fois pénible et interdit, nous regrettons de toutes les forces de notre sympathie que les sauveteurs de France se soient constitués en société de secours mutuels, comme si être sauveteur était une profession! Ce regret est d'autant plus sincère, que nous mettons la plus simple médaille de sauvetage au-dessus de beaucoup de croix d'honneur. Ce système de hauts patronages a cela de pernicieux, qu'il amène un inconcevable mélange d'ambition et de dévouement. L'exagération contenue dans la devise : *Sauver ou périr!* correspond à cette diminution de dignité.

On verra du reste, par la comparaison que nous faisons dans le chapitre suivant entre les résultats obtenus par la Société royale humaine de Londres et ceux qu'on obtient en France, si notre critique n'est pas fondée et s'il n'est pas étrange que des choses aussi simples soient encore à dire.

## DE L'ASPHYXIE PAR SUBMERSION

L'historique de cette question révèle combien l'erreur a dans la science des racines plus profondes que la vérité. Les anciens mettaient le noyé la tête en bas, c'est-à-dire qu'ils prenaient à tâche de compléter l'asphyxie.

Une ordonnance de police du 2 décembre 1822 prescrivit une médication plus rationnelle, qu'annula cependant une autre ordonnance de 1835. Cette instruction elle-même, dont nous allons analyser les principales parties, recommande un système d'insufflation que semblent réprouver quelques docteurs de l'École, qui préconisent la cautérisation, la saignée même, comme le docteur Édouard Auber. Cette cautérisation est à son tour abolie par les mouvements mécaniques, que décrit le docteur Marschall Hall. Cette méthode toute cinésithérapiste, c'est-à-dire qui guérit par des mouvements artificiels les altérations du mouvement naturel ou santé, et qui rentre dans une science, la cinésiologie, appelée, croyons-nous, au plus grand avenir; cette méthode a été perfectionnée presque définitivement, si ce mot est humain, par le docteur Sylvester.

Nous transcrivons l'instruction qu'a publiée la Société humaine de Calais sur les premiers secours à donner aux noyés, conforme, du reste, à la délibération du conseil de préfecture en date du 19 juin 1835, et qui a sur celle-ci l'avantage d'être plus courte et de commencer par des détails de la plus haute importance.

## INSTRUCTION

### Pour les personnes en danger.

On doit se tenir le plus tranquillement possible ; le corps humain étant plus léger que l'eau, s'il est sans mouvement, une partie surnagera. Cette partie doit être la figure ; c'est pourquoi on doit renverser la tête et laisser pendre les bras et les mains, sans quoi ils feraient plonger la tête. Tous mouvements sont dangereux. Le docteur Franklin recommande cependant un mouvement pareil à celui qu'on ferait en montant un escalier sur les mains et sur les genoux. Toute personne peut se tenir sur le dos dans l'eau, en faisant agir les bras comme en nageant. Ceci doit être enseigné aux jeunes gens.

### Pour les spectateurs.

Animez et encouragez la personne en danger. Donnez de suite l'alarme et réclamez tous les secours possibles. Envoyez chercher des draps, canots, cordages, échelles, pièces de bois, vessies, etc. Prenez une corde, et après y avoir attaché une pierre, jetez-en un bout à la personne en danger. Nouez des mouchoirs ensemble par des nœuds droits, et servez-vous-en comme d'une corde. Tachez, en faisant la chaîne, d'arriver à la personne en danger.

Le nageur (après avoir retiré son chapeau, son habit, son gilet, ses souliers,) doit se jeter à l'eau pour sauver son semblable; si le corps est sous l'eau, il doit plonger à l'instant, en se souvenant qu'il peut ouvrir les yeux et voir sous l'eau. Malgré l'empressement à soustraire à la mort un individu qui se noie, gardez-vous d'approcher de lui (la Société humaine de Calais n'a pas pris, on le voit, *sauver ou périr!* pour devise, et elle a bien fait, gardez-vous d'approcher de lui de manière à ce qu'il puisse vous attraper la jambe, le corps ou le bras. Le plus adroit, le plus vigoureux et le plus habile des nageurs succomberait avec lui. Cachez-vous à ses regards autant que possible; avant de le saisir examinez ses mouvements, passez derrière lui, profitez du moment où vous pourrez le prendre avec vos mains sous les aisselles, et en nageant vigoureusement avec les pieds, faites-le remonter sur l'eau et poussez-le vers la rive la plus voisine.

## Lorsque le corps est retiré de l'eau.

l'absence du médecin, toute personne présente est invitée à porter les premiers secours.

On évitera dans tous les cas :

1° Tout mouvement brusque et violent du corps du noyé ;

2° De le suspendre par les pieds et de le rouler sur le rivage ou sur un tonneau;

3° De le frotter avec du sel ou des liqueurs fortes;

4° De donner des lavements de fumée ou d'infusion de tabac, ou d'en faire respirer la vapeur, ainsi que celle du soufre.

Il faut agir promptement et méthodiquement. Cinq à six personnes suffisent pour administrer les secours : un plus grand nombre embarrasse.

## Secours.

1° On transportera le noyé dans la maison la plus voisine, on le couchera sur le côté droit et on le déshabillera rapidement et sans secousses, en coupant ses vêtements avec des ciseaux ou autre instrument tranchant. Étendez-le sur un matelas ou sur une couverture de laine, la tête en haut et élevée, ainsi que les épaules et les pieds en bas.

2° Entr'ouvrez les lèvres et les mâchoires pour en faire sortir l'eau, en faisant pencher la tête en avant pendant une à deux minutes.

3° Enveloppez le corps dans une ou deux couvertures de laine et placez-le dans un lit bien chaud, s'il est possible; essuyez-le bien et frottez-le avec des morceaux de laine le long du dos, sur la poitrine, le ventre et les extrémités. Couvrez la tête avec un bonnet de laine.

4° S'il est possible, mettez le corps dans un *bain aussi chaud* que la main peut le supporter sans douleur.

5° Débarrassez la bouche et les narines avec les doigts ou les barbes d'une plume, des glaires et de l'écume qui les obstruent.

6° Placez des linges bien chauds sur le creux de l'estomac et le devant de la poitrine; des briques ou des bouteilles d'eau chaude aux aisselles, entre les cuisses et aux pieds. Passez une bassinoire couverte sur le dos.

7° Chatouillez les lèvres, les narines avec la barbe d'une plume; frottez-les avec du fort vinaigre bien chaud, ainsi que les poignets.

8° Passez sous le nez des allumettes soufrées ou un linge imbibé d'alcali volatil.

9° Donnez un lavement avec trois verres d'eau un peu chaude et une once de sel de cuisine.

10° Ne faites avaler aucune liqueur ou boisson avant que la respiration soit rétablie.

11° Pour rétablir la respiration, introduisez dans l'une des narines le tuyau d'un soufflet ordinaire, en fermant l'autre narine et la bouche ; soufflez doucement jusqu'à ce que la poitrine soit un peu élevée ; laissant alors la bouche et le nez ouverts, pressez doucement la poitrine avec les mains ; continuez ainsi jusqu'à ce qu'il y ait signe de vie.

12° Si la respiration se rétablit un peu et si le noyé paraît pouvoir avaler, donnez-lui, de cinq minutes en cinq minutes, une cuiller à café ou une cuiller à soupe de vin chaud ou d'un mélange d'un quart d'eau-de-vie et de trois quarts d'eau.

13° Il faut continuer le traitement indiqué pendant trois ou quatre heures au moins. Il est aussi absurde que dangereux de supposer que la vie est éteinte parce que le noyé ne donne pas plus tôt quelque signe de vie.

---

Nous avons transcrit l'instruction qui précède, à cause de sa clarté et surtout de ses premières recommandations. Mais on ne saurait trop remarquer combien toute théorie est absente de sa rédaction et à la fois de la pensée qui l'a inspirée. On ne sait pas après mieux qu'avant ce qu'est l'asphyxie.

Les Grecs, de qui nous avons pris le mot, en avaient une idée assez complète, puisque asphyxie a certainement pour étymologie ἀ ψυχή, absence d'âme. Le traitement qu'ils appliquaient au noyé était peu conséquent avec leur théorie d'absence de sensibilité, puisqu'au lieu de la réveiller ils mettaient au noyé la tête en bas.

L'usage du soufflet est encore autorisé officiellement, et le soufflet est toujours la pièce principale des vingt-six instruments de sauvetage qu'on trouve dans toutes les armoires ou boites de secours. Or, avant l'emploi du soufflet, on sauvait les huit neuvièmes des noyés retirés de l'eau, et maintenant, en dépit des progrès de la science, on ne rappelle à la vie que les sept neuvièmes, c'est-à-dire que le changement de l'insufflation bouche à bouche en insufflation par le soufflet a été la cause d'une mortalité double. (En effet, un neuvième mourait autrefois, et maintenant deux neuvièmes.)

## PROCÉDÉ FAURE

Nous laissons de côté les médecins qui saignent le moribond, pour nous appesantir sur le traitement

(*Archives de médecine*, janvier, mars, mai et juillet 1856. — *Annales d'hygiène et de médecine légale*, n° de juillet 1857), proposé par le docteur Faure, lauréat presque annuel des Académies ou de médecine ou des sciences. Nous trouvons dans son mémoire non-seulement la médication, mais la raison de cette médication; non-seulement la pratique, mais la théorie.

D'après le docteur Faure, l'asphyxie, débarrassée de tous les accidents et lésions secondaires qu'elle amène, est une. Du commencement à la fin, elle n'est qu'un affaiblissement graduel des forces vitales. Tel est en effet le sens de l'étymologie du mot: asphyxie. Les facultés intellectuelles sont les premières paralysées et ne dirigent plus par conséquent les forces locomotrices, bien avant que celles-ci soient atteintes. Puis, c'est le tour des forces locomotrices, ensuite des fonctions organiques, enfin des tissus, qui perdent une à une leurs propriétés.

Ainsi la sensibilité, la première propriété des tissus, subit une décroissance dont toutes les phases sont marquées. Les membres perdent leur excitabilité, d'abord à leurs extrémités, puis dans toute leur étendue. L'épiderme entier peut avoir perdu toute sensibilité, que la pupille, tissu nerveux pour ainsi dire, qui prouve ainsi sa vitalité, conserve encore ses contractions. Une autre gradation existe aussi pour les moyens excitateurs qu'on emploie à réveiller la sensibilité. L'excitation mécanique est la première impuissante; le froid ensuite, enfin le fer rouge. Le docteur Faure affirme que la mort est certaine si un fer rouge appliqué au haut de la poitrine ne produit plus aucun effet.

Inversement, dans le retour à la vie, c'est la sensibilité de la peau qui revient la première, puis les forces locomotrices et après un temps plus long encore les facultés morales et intellectuelles. La sensibilité prend une plus grande énergie au point où elle existait encore, et c'est en quelque sorte comme d'une forteresse où elle se serait retranchée qu'elle regagne de ce point le reste du corps.

Le docteur Faure ne veut donc pas qu'on fasse quelque attention au coma, aux convulsions, aux contractures, etc., qui pour lui dépendent de l'asphyxie et ne la constituent pas. La paralysie a étendu son action de bas en haut, combattez-la avec de excitants de haut en bas. Tel noyé, dont sans résultat le corps a été travaillé pendant des heures, revient sur une simple excitation de l'arrière-gorge avec une plume, parce que c'est d'en haut qu'a lieu l'excitation.

On se fera un scrupule, si on a compris le docteur Faure, d'aliéner la plus petite partie des forces du noyé avec des saignées et autres médications en usage. On ne comptera au contraire que sur des excitants, soit le froid, soit le chaud, soit simultanément.

Des excitations légères suffisent dans les cas les plus graves, pourvu que la submersion n'ait pas duré longtemps et que les secours aient été appliqués aussitôt.

Mais si ces deux causes de retard existent, on alternera ou on combinera les affusions d'eau froide (jet puissant de fontaine sur la nuque) et les cautérisations, morceau de fer, charbon, pipe ardente, appliqués légèrement. Trouver le point encore sensible d'abord et ensuite faire rayonner cette sensibilité du point où elle s'est réfugiée, dans tout le corps, tel est le double but qu'on se proposera.

Voici une médication très-raisonnée et nous la croyons très-efficace. Cependant elle partage avec la méthode officielle le défaut de ne pouvoir être employée qu'après que le noyé a été retiré de l'eau: il faut toujours le transporter, le déshabiller, perdre du temps.

Or les chiffres ont leur éloquence, et tandis que nos statistiques sont assez silencieuses sur ce point, voici les chiffres officiels des services que la *Royal Human Society* de Londres a rendus en 1864.

2,203,874 baigneurs.
266 accidents.

| | |
|---|---|
| 253 | personnes sauvées. |
| 13 | — perdues. |

| | |
|---|---|
| 2,275,752 | patineurs. |
| 889 | accidents. |
| 882 | personnes sauvées. |
| 7 | — perdues. |

L'habileté des sauveteurs de Londres est incontestable et de premier ordre. On doit accorder les mêmes éloges aux moyens employés pour rappeler à la vie ceux que les sauveteurs ont retirés de l'eau.

Nous allons nous trouver en face d'un traitement nouveau et héroïque, car si en France on a parlé de deux neuvièmes qui n'ont pu être rappelés à la vie, l'Angleterre n'a à déplorer, d'un côté, qu'un vingtième, de l'autre, qu'un cent vingt-sixième.

C'est M. Leroy d'Étioles qui, le premier a attiré l'attention du monde savant sur les effets désastreux qu'avait amenés l'introduction du soufflet dans les appareils de sauvetage.

C'est M. Leroy de Méricourt qui, dans les *Annales d'hygiène publique et de médecine légale* (nº de juillet 1865), a parlé des procédés des docteurs Marshall Hall et Sylvester.

## PROCÉDE SYLVESTER

Comme le docteur Sylvester a perfectionné le procédé du docteur Marshall Hall, nous donnons l'analyse de l'invention et du perfectionnement tout à la fois.

Les docteurs anglais ont fait de la cinésithérapie, c'est-à-dire qu'ils ont essayé de combattre l'altération, et, dans le cas d'asphyxie, la suspension d'un mouvement naturel par l'usage d'un mouvement artificiel. L'asphyxie n'a pas été à leurs yeux une *hyposthénie* face sous laquelle l'envisageait M. Faure; mais ils l'ont considérée comme la suspension de la respiration. Ils ont tous deux cherché à établir une respiration artificielle. M. Sylvester, mieux que M. Marshall Hall, a su augmenter la capacité thoracique en trouvant un certain mouvement des bras qui correspond à une inspiration profonde.

Le docteur Sylvester a pu, il y a six ans, publier un mémoire sous ce titre : *Découverte de la méthode physiologique pour rétablir la respiration dans les cas de* mort apparente, *à la suite de submersion, d'inhalation de chloroforme, de gaz délétères*, etc.

N'ayant pas sous nos yeux ce mémoire, nous ne pouvons dire si le docteur Sylvester rend hommage de sa découverte à la cinésithérapie, science proscrite, science féconde, qui supprime, comme on va le voir, tout médicament pour corriger directement les altérations du mouvement naturel par un mouvement artificiel savamment combiné ; — nous désirons bien vivement que M. Sylvester l'ait fait.

Les docteurs anglais ont en effet rejeté comme trop lent le traitement qui essaye d'entretenir la chaleur et la circulation, et comme d'une application difficile ou dangereuse les traitements qui, comme la cautérisation du docteur Faure, ou l'électricité, ou l'électro-magnétisme, tentent d'opérer, « par le pouvoir réflexe du système nerveux, » un retour à la vie. Dans une barque, sur la berge, aussitôt le noyé retiré de l'eau, ils commencent à imprimer des mouvements à son thorax, à imiter la vie malgré l'apparence et l'imminence de la mort.

RÈGLE 1. — *Donner au patient la position convenable.* — Placez le corps sur le dos, les épaules soulevées et soutenues par un vêtement replié : appuyez les pieds.

M. Leroy de Méricourt fait remarquer que cette position est celle que choisissent les personnes atteintes de dyspnée, et qu'ainsi leur difficulté de respirer est diminuée.

RÈGLE 2. — *Maintenir libre l'introduction de l'air dans la trachée-artère.* — Nettoyez la bouche et les narines. Tirez la langue du patient et maintenez-la en dehors des lèvres.

Règle 3. — *Imiter le mouvement d'une respiration profonde ; première partie de cette respiration artificielle.* — Élevez les bras des deux côtés de la tête et maintenez-les doucement mais fermement aussi élevés pendant deux secondes.

Ce mouvement soulève les côtes, élargit la capacité thoracique et produit une *inspiration*.

M. Leroy de Méricourt ne blâme pas comme complément de cette *inspiration* artificielle une insufflation bouche à bouche.

*Deuxième partie de cette respiration artificielle :* Abaissez ensuite les bras et pressez-les doucement, mais fermement, pendant deux secondes, contre les côtés de la poitrine.

Ce second mouvement correspond à la deuxième partie de la respiration naturelle : l'*expiration*, en ce sens qu'il diminue la capacité throracique.

Alternez les deux mouvements, avec persévérance, quinze fois par minute.

Règle 4. — *Ramener la chaleur et la circulation et exciter la respiration.* — Friction des membres à nu et par-dessus les vêtements secs. — Couverture chaude et sèche. — Eau froide sur la figure. — Flanelle chaude, vessies d'eau chaude, briques chauffées aux aisselles, entre les cuisses et aux plantes des pieds. — Le tout sans interrompre en rien *l'inspiration et l'expiration forcée*, dont l'ensemble alterné forme la respiration artificielle, base du traitement Marshall Hall perfectionné par Sylvester.

Avis dernier et essentiel. — La science ne connaît en fait d'asphyxie par submersion d'autre signe de mort que la putréfaction. Six ou dix heures de submersion, plus même, ne signifient rien.

## DE L'HYDROTHÉRAPIE

On peut résumer en quelques lignes les reproches qu'encourt la médecine usuelle. Elle emploie des remèdes qu'elle ne connaît pas ; ses toniques sont échauffants; ses topiques sont barbares ou sans efficacité. L'empirisme, en vain chassé de la théorie, reparaît sous toutes les formes dans la pratique. La routine est telle, qu'après Hippocrate, il n'est peut-être que Sydenham d'un génie véritablement original. Quant à Hahnemann, le père de l'homœopathie, il a fait, dans l'œuvre de l'école, une terrible brèche, par laquelle il a essayé de faire passer son système. Hahnemann a pu prouver que les médecins de son temps — ceux d'à présent sont-ils de meilleurs expérimentateurs? — ne connaissaient pas les effets de leurs médicaments, d'abord sur l'homme sain, et par suite sur le malade. La médecine officielle s'est dès lors inspirée de la rivale qu'elle proscrivait. L'emploi du quinquina, voilà de l'homœopathie. La vaccination n'est pas autre chose aux yeux des allopathes eux-mêmes, hâtons-nous de l'ajouter. Mais la vaccination ne serait pas une application du fameux *Similia similibus*, par parenthèse, écrit en toutes lettres dans Paracelse, si l'on en croit le docteur Verdé-Delisle. Qnand on lit son livre : *De la dégénérescence physique et morale de l'espèce humaine, déterminée par le vaccin*, il semble clairement prouvé que le vaccin ne prévient pas la petite vérole par une certaine similitude d'effets, mais que tout simplement l'effet du vaccin est de resserrer les pores, d'emprisonner l'affection variolique et pareillement toute sécrétion cutanée en feutrant la peau. Le docteur Verdé-Delisle prouve scientifiquement ce que Priessnitz avait deviné.

Toute conciliation semble impossible entre le vitalisme de Montpellier et l'organicisme de la faculté de Paris, le plus éclairé, mais le plus sceptique des corps savants. Et cependant, les matériaux d'un côté amassés par ce siècle éminemment critique, d'un autre côté, le plan que la fusion de la philosophie et des sciences naturelles a permis de concevoir : voilà, ce semble, des éléments de construction solide. Je défie pourtant la foi la plus enracinée de résister à la lecture d'un petit recueil de citations tirées des œuvres de nos médecins en renom, et intercalées dans un manuel d'homœopathie [1]. N'étaient l'horrible responsabilité qu'on assume en n'appelant pas un médecin, et le mieux momentané qui suit chaque visite de ce maître dans l'art de consoler, pas un homme sensé ne ferait venir un docteur quelconque, encore moins une célébrité, — surtout si le cas est grave. Au chevet d'un jeune homme, d'une jeune femme, morts en pleine force, qui n'a proclamé l'impuissance de la médecine?

Notre intention n'est pas de faire table rase : aussi, au lieu d'enregistrer de désolants aveux de l'école, préférons-nous citer une concession faite par MM. Ch. Robin et Verdeil à cet esprit nouveau de synthèse philosophico-scientifique qui révivifiera la médecine elle même. « ..... Que sont les médicaments? Ce sont un ou plusieurs principes immédiats introduits du dehors dans l'organisme, lequel se trouve dans un état déterminé ou qui est censé l'être. » (Et le diagnostic, monsieur Robin, en pensez-vous si peu de bien?)

[1] *Annuaire d'homœopathie*, par les frères Castellan.

« Il y a, comme on voit, à tenir compte ici de deux choses : de l'organisme et du principe accidentel; il devient tout de suite évident que, puisqu'on n'a pas encore fait l'histoire complète des principes immédiats normaux, l'emploi des médicaments ou principes accidentels, dans les tentatives les plus rationnelles, A TOUJOURS ÉTÉ PLUS OU MOINS EMPIRIQUE. Le but qu'on se propose en introduisant un médicament est, au fond, de rétablir dans leur état normal d'union réciproque les principes qui constituent la substance organisée. On cherche à le faire en portant au milieu d'elle d'autres principes qui sont favorables à ce rétablissement..... Or, comment instituer convenablement ces expériences, si on ne sait quels sont les principes qui constituent cette substance et la manière dont ils sont unis pour la constituer? »

Celui qui aura bien médité cette confession de deux de nos plus grands théoriciens médicaux, ne boira plus un verre de tisane que pour ne pas attrister ceux qui l'entourent. Mais, en revanche, il comprendra que des hommes se soient trouvés dans les pays scandinaves qui aient supprimé tout médicament, et qui ne guérissent les altérations du mouvement naturel, ou santé, que par des mouvements artificiels. Les cinésithérapistes (guérisseurs par le mouvement) s'empressent de trouver au malade une position où il ne souffre plus. Des pressions, frictions, massages, mouvements sériellement gradués, composent toute leur médication. Ils ont fait une science de cet instinct qui porte la nourrice à mettre l'enfant sur le ventre quand il a la colique, l'individu sujet aux névralgies à presser sa tête de telle ou telle façon. Ils ont raisonné ce hasard qui fait qu'un coup, une secousse, une position bizarre ont guéri de douleurs jusque-là rebelles. Dans le nord de l'Europe, beaucoup d'hôpitaux sont établis sur ce mode thérapeutique.

Celui qui a bien compris la concession immense que MM. Charles Robin et Verdeil font à la nouvelle théorie [1], qui considère la vie, l'univers, comme une série de modifications diverses d'une cause-substance : mouvement inséparable de la matière, matière inséparable du mouvement ; — celui-là, dis-je, ne s'étonnera pas non plus et de Priessnitz, génie ignorant, et de sa découverte qui remplace tous les médicaments, formes obscures et inconnues du mouvement, par l'eau, cet agent si clair, si énergique de la vie.

Mais point de confusion : la cinésithérapie à laquelle O. Reveil, ce mort d'hier qui sera longtemps regretté, consacrait ses dernières études, la cinésithérapie n'est pas la gymnastique : nos gymnasiarques ont perdu toutes les traditions de l'anti-

[1] Louis Lucas en est le savant, Buchner le philosophe.

quité. De même l'hydrothérapie de Priessnitz n'est pas la douche, la glace, l'eau chaude et tout ce que comporte ordinairement un établissement de bain, quelle que soit sa dénomination.

Mais qu'est donc l'hydrothérapie? Nous le dirons après avoir exposé cette théorie indispensable à l'avenir de l'hydrothérapie. Vous avez vu tricoter, mieux que cela, tisser? Ce mouvement de va-et-vient, cette bourre qui devient fil d'abord, étoffe ensuite, et qui redevient bourre, vous avez là une image presque exacte du phénomène de la vie. Dès le germe, il s'établit dans le corps de l'homme une lutte de deux mouvements, l'un centripète, l'autre centrifuge, l'un condensateur, l'autre expansif qui, par leur double jeu, tricotent les chairs, les os, les nerfs de l'homme. La trame ne peut pas exister sans la chaîne; la chaîne sans la trame; les deux mouvements, l'un sans l'autre; telle est la supériorité des tissus vitaux sur les tissus désorganisés dont s'habille l'homme. L'idée de considérer les chairs comme un vêtement était, avant d'être mystique, une idée profondément scientifique. Les deux mouvements dorment dans le minéral, s'alternent dans la plante, se combinent dans l'animal. Ils n'ont pu tisser l'homme, cet être merveilleux d'ordre ternaire, puisqu'il est minéral, — végétal, — animal sans la collaboration du temps.

Aussi combien de fois, répète-t-on, sans en comprendre la limpide profondeur : Le Temps est l'étoffe dont la vie est faite.

Toute vérité dont une science ne profite, ressemble à un aliment près duquel l'être qui en a besoin dépérit. La pensée saint-simonienne est juste : la digestion est une opération qui élève des substances d'un ordre inférieur à un ordre supérieur : elle est donc une transfiguration. Il n'est pas moins vrai que nous laissons se liquéfier, s'évaporer à chaque pas des parties de nous-mêmes, que notre corps se renouvelle dans toutes ses molécules pendant une période fort courte, que la vie est un circulus limité qui recommence un nombre de fois illimité. Non-seulement nous mangeons ce qu'ont mangé nos ancêtres, mais l'air est plein des cendres de nos aïeux. Le présent respire, se nourrit, vit du passé.

La médecine a-t-elle profité pratiquement de cette vérité qu'elle reconnaît en théorie? Non. Cette main, ce poignet, ce corps que touche le médecin aujourd'hui n'est pas le même qu'il examinait il y a un an; et dans cette année ce changement complet s'est opéré plusieurs fois. C'est de la faute du médecin si ce corps nouveau est aussi malade que l'ancien; c'est un signe que le médecin a mal dirigé cette rénovation et qu'il n'a pas su rétablir l'équilibre entre les deux mouvements. Car la santé n'est pas autre chose que cet équilibre.

La nature, heureusement, tend toujours à retrouver cet équilibre dès qu'il est perdu. Le mouvement d'expansion tend toujours à chasser de l'économie tout ce qui le gêne. Avec les deux kilogrammes que l'homme perd chaque jour par la respiration cutanée, ce mouvement libérateur expulse souvent le mal sous la forme de gaz (exhalaison, odeur du malade), de sueurs, de sang impur quelquefois : n'a-t-on pas eu la mesure de la force de ce mouvement d'expansion quand on l'a vu faire sortir du corps des aiguilles?

Les habitations, les vêtements, les mœurs de la vie civilisée sont en dehors des lois de la nature. La méthode de Priessnitz consiste autant dans les réformes par lesquelles elle modifie l'existence des civilisés que dans un système de thérapeutique.

Les rideaux de lit, les chambres fermées, les chaussures, le chapeau des hommes, le corset des femmes, le cache-nez, les bretelles, le linge empesé, les vêtements étriqués : tels sont les différents aspects de la prison à laquelle les gens des villes condamnent leur corps. Leur circulation tourne dans un cercle vicieux. Ils se portent mal parce qu'ils arrêtent leur respiration cutanée. Mais ôtez à une poitrine qu'affaiblit le gilet de flanelle, ce même gilet de flanelle, cette poitrine se prendra. Le cache-nez prédispose aux maux de gorge. Otez le cache-nez : le mal de gorge ou le rhume de poitrine viendra instantanément. Ces organisations affadies ne craignent qu'une chose : les crises. Peu leur importe de mourir peu à peu ; en médecine, leur but est de mettre en coupe réglée leur incessante déperdidion de forces. Ce que l'homme qui fait vivre une famille craint avant tout, c'est de tomber malade, de s'aliter, de ne plus rien gagner, ou de mécontenter l'administration qui, à regret, le nourrit quand la maladie arrive. Aussi que de précautions ! Pas d'air : l'air enrhume. Pas d'exercice : l'exercice brise. Pas d'eau ! l'eau débilite.

Or, Priessnitz veut de l'air, de l'exercice, de l'eau ; mais, — et c'est là le côté génial de sa trilogie, — l'*eau* sous les formes qu'il emploie, vous met à l'abri des dangers que paraît présenter l'*air* et demande l'*exercice* comme énergique et indipensable auxiliaire. DONC ON NE S'ALITE PAS.

L'idée mère de son système, auquel malheureusement a manqué un philosophe vulgarisateur, c'est celle qui faisait considérer à Sydenham la maladie comme un effort tenté par la nature pour retourner à la santé, pour expulser les principes viciants, les substances viciées. Priessnitz n'entend pas autre chose quand il répète à tous propos et toujours à propos : Mauvaises étoffes ! mauvaises étoffes ! Il appelait ainsi tout ce qui peut embarrasser le jeu régulier des fonctions, tout ce que lui, avec son eau, il arrive à chasser de l'économie, à faire sortir par les pores, absolument comme sortaient les aiguilles dont nous parlions. C'était si bien là son idée fixe, que dans sa première médication, il faisait transpirer, transpirer. Les paysans de Graefenberg supportaient, mais les citadins ne supportaient pas cette transsudation, qui arrivait pour eux à être un médicament drastique.

Dans sa seconde manière, Priessnitz employa seulement le drap mouillé, le bain général et surtout partiel.

Mais plus de bretelles, plus de corsets. Sitôt rentré, on ôtait ses chaussures, et la chambre était aérée, et on dormait la fenêtre ouverte, et on mangeait des choses simples, et on était capable de faire des choses fortes. L'air ne faisait plus mal, l'exercice ne courbaturait pas. Quel n'était pas souvent l'étonnement du guérissant (car dès qu'il était à Graenfenberg, on ne pouvait plus lui donner le nom de malade) de retirer de son corps un drap, de son ventre une ceinture souillées de matières de toutes couleurs! C'étaient là « les mauvaises étoffes. » On disait à Graefenberg, par une plaisanterie qui n'était que l'exagération du vrai, qu'avec des compresses d'eau pure, fréquemment renouvelées, on arriverait à extraire un biscaïen de la cuisse d'un soldat. Le fait est que les compresses aideraient singulièrement l'élimination des chairs viciées. Bref, l'eau administrée sous forme de drap, ceinture, compresse, ou mouillés, ou demi-tordus ou tordus, opère sur la peau un travail d'absorption dont aucune sangsue, aucune machine pneumatique, aucune succion ne peut donner une idée — pourvu que chaque tentative de cure soit précédée et suivie d'exercice. Et le choix du genre d'exercice n'est pas indifférent : que cette grande dame frotte sa chambre, que ce gentilhomme scie du bois, que ce prolétaire (et j'appelle ainsi tout homme qui fait un enfant sans savoir comment il le nourrira), que ce prolétaire fasse pour se guérir ce qu'il n'est pas sûr de ne pas faire un jour pour gagner son pain!

L'eau panacée! pourquoi? L'eau sangsue! comment cela ce fait-il? La réponse est contenue dans ce qui précède : dégageons-la.

Quand on opère une pression sur une partie du corps, le point touché devient blanc, puis par réaction très-rouge.

Priessnitz n'emploie que l'eau froide ou dégourdie pour les enfants. Cette eau excite, surtout après la réaction qu'amène l'*exercice*, le mouvement d'expansion que nous avons montré être avec le mouvement de condensation, le va-et-vient de la vie. C'est ce mouvement d'expansion qui élimine les « mauvaises étoffes » quand son action est surexcitée par celle de l'eau.

S'il est illogique dans toute médecine de croire aux panacées, c'est-à-dire d'admettre qu'une substance de forme, d'essence particulière, ait un effet général, surtout puisqu'elle est administrée à l'intérieur, il est au contraire rationnel que l'hydrothérapie, dont l'agent est vital et multiforme, puisse apporter un secours à toute maladie, qui n'est qu'une tentative d'élimination du principe morbide, surtout quand on donne à cette méthode de guérison l'appui de la théorie du double mouvement.

Vous purgez, monsieur Purgon, vous donnez la prépondérance au mouvement condensateur ; cette prépondérance est fâcheuse, inflammatrice, drastique. Et vous vous étonnez qu'un purgatif torture, convulsionne, vous qui renversez le sens des forces de la nature. Éliminez, mais par la peau. A quoi bon laisser inactifs dans la maladie ces milliers de pores qui font le travail de la santé?

On accuse la civilisation, accusez l'ignorance qui est la base la plus solide de cette civilisation.

Prenez-vous-en au manque d'air, au manque de soleil, au manque d'eau (les périodes du moyen âge), à la compression, à la cotte de fer, à la servitude, au bâillon.

Les vraies protestations du corps en qui on exagérait le mouvement condensateur, c'étaient la lèpre, c'est l'éléphantiasis, la petite vérole. Les atténuations de la vie, c'étaient la peste, c'est le choléra.

Mais tout cela est nécessaire, puisque ce sont des conséquences. Priessnitz ajoute : Tout cela est salutaire, parce que ce sont des crises.

Une toux chez l'enfant, c'est souvent une crise; un bouton, une crise ; des myriades de boutons ou de pustules, une crise plus réussie. Ne lui demandez pas à ce logicien de Silésie de faire rentrer un mal qui commence à sortir de lui-même. Il le fera sortir davantage. Quand d'un bouton il en fait naître mille, quand d'un corps en apparence sain il retire des linges souillés, il est content. « Mauvaises étoffes! » dit-il avec l'orgueil d'avoir raison. Ce qui fait que les crises sont mortelles, c'est qu'on les contrarie. Les aider, c'est aider l'élimination du mal. Toutes les fois que Priessnitz voyait un enfant pris de petite vérole, il croyait assister à un admirable spectacle : celui de la nature opérant à chaque nouveau rameau de l'arbre immense de l'humanité, l'expulsion d'infections séculaires. Aussi l'inoculation du virus de la vache lui paraissait d'une fausse manœuvre, et toutes les maladies qui sont contemporaines de l'invention de Jenner n'étaient pour Priessnitz que la monnaie de la dette qu'on empêchait l'enfant de payer avec quelques boutons. Paysan bien voisin du Danube, Priessnitz ne sentait pas qu'il vivait à une époque fardée, où avec le mercure on argente le mal, où avec l'opium on l'endort, où nécessairement on devait avec la vaccine l'emprisonner le plus longtemps possible. Disons à la décharge du Silésien que d'excellents esprits partagent son incrédulité au sujet de la vaccination. Ne peut-on pas appliquer à cette médication la parole que Sydenham jetait à la théorie de Newton : « Ordinairement, le vrai fait plus difficilement son chemin.

Si c'est vrai, cela a trop vite pris pour rassurer les bons esprits. » Mais qu'on ne l'oublie pas, avec Priessnitz la petite vérole est inoffensive. Oui, ce drap mouillé suffit. On n'a même pas à craindre les courants d'air, en vertu du mariage que l'air et l'eau ont contracté dans son sytème.

Désirant seulement convaincre et non enseigner, il ne nous reste plus qu'à donner quelques détails sur la manière dont l'eau s'administre.

Priessnitz rejette l'emploi de l'eau chaude autant que de l'eau gelée, neige ou glace. Il avait même, pour expliquer cette exclusion, une parole que n'eût pas reniée Paracelse, le père de la chimie et de la médecine : « La glace est un corps mort : l'eau fraîche seule vit et fait vivre. »

Priessnitz n'emploie que l'eau fraîche, et comme il était à Graefenberg, cette eau était pure. C'est ce qu'on ne saurait trouver à Paris, soit au puits soit à la Seine. Cependant, en amont, notre fleuve est moins souillé, et toute campagne qui a une petite rivière donnera de l'eau dans la pureté qui est nécessaire.

Avec cette eau, nous allons faire plus de trente remèdes d'un effet local ou général à notre volonté, très-énergique, et toujours en même temps sédatif :

Le drap mouillé et tordu dans lequel on empaquète le malade ;

Le grand bain dans la cuve qu'alimente une eau de source de 4 degrés en été, à 1 degré en hiver;

Le bain dans une baignoire qui se fractionne lui-même en bain de siége froid, en bain froid de pieds (jusqu'à la cheville), de jambe, de coude, de tête;

Le bain de rosée, réaction admirable contre le *carcere duro* de la botte;

La douche froide dans toute sa primitive simplicité: une colonne d'eau que l'on brise avec ses mains élevées en l'air et qui tombe sur tout le corps, excepté l'estomac et le ventre;

Le bain dégourdi à 12 degrés au plus (au-dessus ce serait un bain chaud, et Priessnitz les proscrit);

La ceinture, la compresse, le bandage mouillés;

Le lavement froid;

Le BAIN D'AIR, complément indispensable de l'hydrothérapie;

L'EXERCICE, autre complément non moins indispensable, qui complète la trilogie : *air*, *eau*, *exercice*.

*Règle générale.* — Dans le bain, le malade doit être arrosé d'eau, et peut être frictionné avec un drap mouillé et doit s'agiter. Dans l'administration des linges mouillés, ces linges, qu'ils soient ou complétement humides, ou demi-tordus, ou tordus, doivent être changés au moins toutes les dix minutes, et dans tous les cas dès qu'ils s'échauffent. Le métier d'hydropathe n'est pas une sinécure puisqu'on a vu

Priessnitz changer soixante fois de suite un malade de draps.

Notre ami, V. Michal, a sauvé des catarrheux condamnés par les facultés en leur faisant porter des compresses dans le dos. M. V. Michal a guéri des médecins auxquels la science officielle enseignait seulement la gravité de leur mal, et son établissement hydropatique de Noyarey était un bienfait pour la France, où la tradition de Priessnitz n'a été que là comprise et que là suivie.

Dans notre siècle de maux d'estomac pour un sexe et de matrice pour l'autre, il serait pourtant bon de savoir qu'une ceinture habituellement portée et des bains de siége fréquents sont des préservatifs puissants, et qu'à part le cas de maladies chroniques, l'hydrothérapie se fait facilement chez soi et triomphe en quelques jours, quelquefois en quelques heures, des maladies aiguës, même quand les symptômes sont graves.

La gravité des symptômes n'a rien de trop alarmant quand on applique une médecine qui considère toute crise comme salutaire et qui croit prendre la route le plus directe pour venir au secours de cette crise. L'agonie est encore une protestation de la vie contre la mort. Quand la mort arrive à son heure, on n'agonise pas, on s'éteint.

Comme toute véritable force, l'hydrothérapie est

dangereuse autant que bienfaisante, selon qu'elle n'est pas comprise ou qu'elle l'est.

Avis aux imprudents. Défiance de la fausse hydrothérapie!

## BAINS DE MER

La mer présente les trois conditions que Priessnitz demandait à une bonne médication : l'eau, l'air, l'exercice. Quelle eau, véritable bain magnétique! quel air vivifiant! quel besoin impérieux d'exercer les forces qu'on a retrempées dans ce double bain! Cependant la mer ne convient ni à l'enfant, ni aux vieillards, ni à celui qui a des dispositions à la pléthore, ni aux constitutions trop délabrées.

Il en est de la mer, de son eau administrée à l'intérieur et à l'extérieur, comme des sources célèbres, des Eaux-Bonnes par exemple, qui guérissent très-vite tel phthisique et qui font mourir plus vite encore tel autre. Gravir les Pyrénées n'est rien pour ce jeune moribond qu'hier on amenait dans une litière. Monter à sa chambre est impossible à cet autre qui était la veille encore ingambe. Quelques verres d'eau, quelques bains sont la cause de tels changements, Un médecin regarde à deux fois maintenant que l'eau salée, sulfureuse, ferrugineuse ou pure tout simplement s'est révélée si active, avant d'ordonner un voyage à Vichy, à Bagnères ou simplement à Etretat. C'est une responsabilité terrible qu'il assume; car il sait que l'eau, telle qu'on l'administre, est souvent un déterminant plus qu'un remède.

Elle hâte bien souvent l'événement, — ainsi s'appelle par euphémisme la mort, dans les livres que les médecins daignent écrire pour le commun des malades.

Examinons ce qui se passe dans l'organisme du baigneur pendant et après le bain de mer.

Les médecins s'accordent à recommander la mer quand elle est dans son plein ; la mer descendante peut vous entraîner au large et vous n'êtes pas une bouée. La mer descendante vous roule avec toutes ses scories, ses matières végétales et animales en décomposition. Le *flux* et le *reflux* ont leurs inconvénients ; le *plein* seul est franchement hospitalier et salubre. Le baigneur ne confiera pas à l'eau pouce par pouce sa chair ; il se frottera l'épigastre avec l'eau de mer ; il s'en mouillera la tête et entrera d'un élan dans l'élément; une fois là, il se donnera de l'exercice, en nageant, s'il sait un peu, (l'eau est plus lourde et le porte mieux), ou en se mêlant aux jeux et aux ronds des tritons et des sirènes qui ne nagent pas, mais qui barbotent, s'il est dans leur cas d'ignorance.

Il choisira plutôt le matin que le midi, et le midi que le soir, après avoir attendu trois à quatre heures après son dernier repas. Si la mer lui est bonne, il récidivera chaque jour; si elle lui est mauvaise, il attendra quelques jours et même renoncera si l'élément lui est chaque fois contraire. Il ne se prêtera qu'à son corps défendant aux théories, aux pratiques des maîtres baigneurs, qui croient que le Parisien (tel est le nom qu'il donne à tout étranger), se portera aussi bien qu'eux dès qu'il sera amphibie comme eux, en n'observant aucune des lois de notre hygiène, nécessaire, hélas!

Mais pourquoi tant de précautions? C'est qu'après chaque bain commence une réaction souvent dangereuse. Celui-ci, les lèvres livides, la face violette et contractée, grelotte; celui-là est rouge comme un homard et ressent des cuissons intolérables. Vous avez, vous, conquis un appétit formidable, mais votre voisin n'avale ni ne digère : la réaction, tout est là. Elle est dirigée, réglée, sériée par l'hydrothérapie; elle reste dans toute sa brutalité quand on affronte seul, faible et malade, la mer, toute la mer. Les draps mouillés ne mettent le corps en contact qu'avec peu d'eau à la fois ; la réaction est diminuée, le fléau est divisé en verge qui stimule, échauffe, guérit. Au contraire, le spectacle des plages est bien souvent triste et ressemble à un cirque de pauvres martyrs de la civilisation, châtiés, batonnés, moulus par la mer.

Prendre un bain de mer dans une baignoire serait pis, car dans ce duel avec l'eau vitale par excellence, vous n'avez pas ces deux témoins héroïques, l'air et l'exercice. L'eau de mer vous prend là sans défense, et vous roule.

Nous sommes convaincus que l'emploi des draps mouillés d'eau de mer serait le seul moyen d'arriver à supporter la mer quand elle ne vous est pas dès l'abord favorable, et qu'elle ne peut pas vous devenir organiquement nuisible.

L'apoplectique, l'hypertrophique, ceux qui ont des sueurs ou des éruptions, les pléthoriques se contenteront de l'air de la mer et de l'usage des draps mouillés s'ils ne veulent pas voir redoubler leur mal, ou comme souffrance ou comme gravité.

A la moindre indisposition naturelle ou accidentelle, toute femme doit cesser les bains et attendre quelque temps avant de les reprendre.

## BAINS DE VAPEUR

Puisque la vapeur fait si souvent du mal, elle peut faire du bien. C'est un raisonnement plus juste que cet autre trop répandu : Si cela ne fait pas de bien, cela ne peut pas faire de mal.

Ce qui se passe dans le corps de l'homme qui prend un bain de vapeur, est le contraire de ce qui arrive par l'hydrothérapie. L'action de l'eau dans l'hydrothérapie est d'augmenter le mouvement condensateur afin que la réaction soit dans le sens de l'expansion. La réaction a donc un effet vital et aussi éliminateur; vital, parce que l'expansion est le but de la vie, éliminateur parce que par les pores de la peau, ce mouvement d'expansion expulse ce qu'il n'avait pas avant ce coup de fouet la puissance d'éliminer.

Au contraire, c'est le mouvement expansif qui est d'abord excité par la vapeur, mais il y a danger qu'il y ait épuisement de cette force, car elle n'a pas été condensée d'abord. C'est en quelque sorte un ressort auquel on demande un surcroît d'expansion avant de l'avoir remonté.

Ensuite vient la douche d'eau glacée qui resserre les tissus dilatés, qui fait appel au mouvement condensateur pour opérer la réaction, cette fois en sens contraire.

On a généralement peu compris les bains russes, tels qu'ils existent en Russie. Le Russe, boyard ou moujik, entre dans l'étuve; il se tient d'abord dans l'endroit où la température est la moins élevée; il se fait frapper avec des verges de bouleau, service qu'il rendra lui-même au voisin qui le lui rend. Puis, il va dans la partie torride de cette étuve et là il avale une liqueur alcoolique et tonique qui l'empêche de s'évanouir en sueurs, qui lui prête des forces, et de la chaleur la plus élevée, il court se précipiter, se rouler dans une neige, cristallisée souvent en étoiles, c'est-à-dire à 10°, 20°, 25° au-dessous de zéro. Le froid est plus intense que ne l'était la chaleur. c'est ce qui étonne et ce qui fait que le bain russe est logique.

Dans l'étuve, le mouvement expansif est graduellement surexcité.

Dans la neige, brusquement, et c'est salutaire dans un pays froid; le mouvement condensateur reçoit une activité bien plus forte que celle qu'avait reçue le mouvement d'expansion. De cette sorte, une nouvelle réaction est nécessaire et dans le sens fécond et vital de l'expansion.

Faites faire dix tours à une corde à droite, puis vingt tours à gauche : elle a encore dix tours à faire à droite, et d'elle-même.

FIN.

LE

# NATATEUR

## GOSSELIN

Les dernières catastrophes maritimes ont vivement ému le public des deux mondes. La perte récente en pleine mer des plus beaux navires qui aient jamais traversé l'Océan; la mort affreuse d'une multitude d'hommes, de femmes et d'enfants disparaissant engloutis dans les flots, ou luttant pendant des heures accrochés à des épaves, cherchant, avec l'énergie du désespoir, à prolonger de quelques minutes leurs existences, dans l'espoir trop rarement justifié, que le hasard leur enverrait un secours quelconque; ces faits navrants ont attiré l'attention des inventeurs. Chacun s'est demandé s'il ne serait point possible de trouver un appareil pouvant recevoir le corps et le maintenir sans fatigue à la surface de l'eau en attendant l'arrivée d'un secours.

Bien des essais ont été faits; jusqu'à présent aucune tentative n'avait réussi d'une façon absolue. On était toujours réduit aux moyens empiriques lorsque, dans le courant du mois d'avril 1874, le bruit se répandit qu'un costume de sauvetage venait d'être inventé, qu'on l'avait vu fonctionner à Bruxelles, et que les habitants de la capitale de la Belgique en étaient émerveillés.

L'inventeur du nouvel appareil, M. GOSSELIN, fit sa première expérience au bassin Léopold. Voici ce que dit de cette tentative *l'Indépendance Belge :*

« Il s'agissait de l'essai fait en présence de quelques personnes d'une compétence incontestable en pareille matière, d'un appareil ou, pour mieux dire, d'une sorte de vêtement de dessous, ne causant aucune gêne et s'harmonisant avec l'ensemble ordinaire du costume masculin ou féminin, ayant pour effet de rendre insubmersibles ceux qui en sont revêtus. Déjà cette utile invention a été l'objet de brevets pris en Belgique, en France, en Angleterre, en Allemagne, aux États-Unis d'Amérique, etc., etc.

« L'expérience de dimanche a, au dire des spectateurs qui ont pu en constater les résultats, parfaitement réussi de tous points. Du reste le public sera vraisemblablement appelé, sous peu, à juger par lui-même de son degré réel de valeur. »

Après cette tentative heureuse, M. Gosselin vint à Paris et fit un premier essai. Les chroniqueurs de presque tous les journaux des Deux Mondes consacrèrent un article à l'inventeur, et ils furent unanimes pour déclarer que cette invention n'avait pas seulement le mérite de la curiosité, mais qu'elle était appelée à rendre de très-sérieux services; car, grâce à ce costume, on sera sûr de pouvoir attendre dans l'eau la bienheureuse arrivée d'une chaloupe.

Le NATATEUR est un costume de bain et de sauvetage fait en forme de maillot; il couvre le corps depuis les genoux jusqu'au cou et est muni d'épaulettes se boutonnant sur les épaules; il est double, des hanches jusqu'au dessous des bras.

Entre les deux étoffes circule un tube en caoutchouc, dont la grosseur est proportionnée à la dimension du costume ; il est muni d'un robinet à sa partie supérieure, qui se trouve à proximité de la bouche, ce qui permet d'introduire l'air dans le Natateur, en toutes circonstances, pour soutenir la personne sur l'eau aussi longtemps qu'elle le désire.

Le grand avantage de ce costume est qu'il peut être porté sous les vêtements comme un gilet de flanelle. De sorte qu'en cas d'accident dans une traversée, on peut insuffler en quelques secondes la quantité d'air nécessaire pour être à l'abri de tout danger.

Grâce à ce costume, un nageur peut aller sans aucun risque, prendre au fond de l'eau une personne déjà submergée, et après l'avoir ramenée à la surface, introduire l'air nécessaire dans le Natateur pour se protéger contre les mouvements désordonnés et inconscients de la personne qu'il veut sauver. Car, par la disposition du caoutchouc, le nageur est absolument maître de ses mouvements dans l'eau ; il peut se tenir debout, sur le ventre ou sur le dos sans aucune difficulté.

Avec ce costume, la natation devient tellement facile, qu'il est impossible de ne pas savoir nager après quelques bains.

On ne doit se revêtir du Natateur que lorsqu'il est dégonflé; puis on insuffle suffisamment d'air dans le tube par l'embouchure du robinet ; ensuite on presse le tube avec les doigts près dudit robinet et on le ferme. On dégonfle le costume avant de le quitter, et une fois retiré, on le regonfle et on le met sécher en le suspendant par les épaulettes.

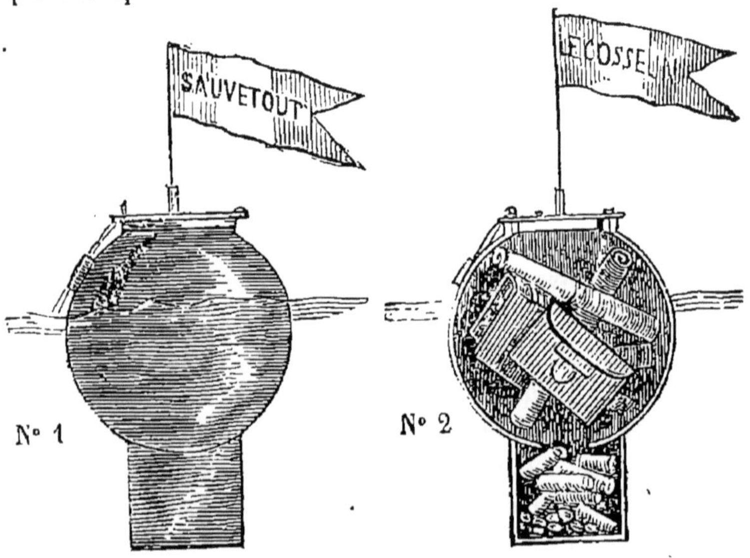


N° 1. Bouée sauve-tout en cuivre, destinée à sauver les papiers, valeurs et objets précieux qui se trouvent à bord d'un navire.

N° 2. Vue intérieure de la bouée.

---

FABRIQUE ET MAISON DE VENTE

**LAURENT père et fils, rue Mathis, 11**

PARIS

PARIS. — IMP. SIMON RAÇON ET COMP., RUE D'ERFURTH, 1.

## LIBRAIRIE DE JULES TARIDE

### [illegible]

[illegible] 1 vol. [illegible]

[illegible] pour Burton, 1 vol. [illegible]

[illegible] par M[illegible] la baronne [illegible] 1 vol. [illegible]

Vignon (continué), 1 vol. [illegible]

[illegible] par Vasari, 1 vol. in-8, orné de [illegible]

[illegible] Nouvelle édition, 1 vol. in-8 [illegible]

[illegible] études sur la [illegible]

[illegible] 1 vol. in-8 [illegible]

[illegible] par A. [illegible] 1 vol. in-8 [illegible]

[illegible]

## LIBRAIRIE DE JULES TARIDE

### BIBLIOTHÈQUE DES SALONS

**NOUVEAU GUIDE POUR SE MARIER**, par L. C., suivi d'un Manuel des parrains et marraines. . . . . . . . . . . . 1 fr.

**HYGIÈNE CONJUGALE**, guide des gens mariés, par le Dr E. Clément. 1 vol. . . . . . . . . . . . . . . . . . . . . . 1 fr.

**L'ÉCOLE DE L'ESCRIME**, par J.-A. Blot, ancien maître d'armes au régiment, suivi du *Code du duel*. 1 vol. . . . . . . . 1 fr.

**NOUVEAU GUIDE COMPLET DE LA DANSE**, par M. Philippe Gawlikowski, professeur de danse à Paris. 1 vol. in-18 avec grav. . . . . . . . . . . . . . . . . . . 1 fr.

**LES JEUX INNOCENTS DE SOCIÉTÉ**, par Poisle-Desgranges. 1 vol. in-8 orné de figures. . . . . . . . . . 1 fr.

**MANUEL DU CAVALIER**, ou l'équitation sans maître. 1 vol. in-18 avec grav. . . . . . . . . . . . . . . . . . . . . . . 1 fr.

**L'ART DE NAGER** en mer et en rivières, appris sans maître, par Duflo. 1 vol. . . . . . . . . . . . . . . . . . . . . 50 c.

**DE L'USAGE ET DE LA POLITESSE DANS LE MONDE**, par Mme la baronne de Fresne. 1 vol. in-18. . . 50 c.

**HYGIÈNE DES FUMEURS**, par Lemercier de Neuville et Victor Cochinat. 1 vol. . . . . . . . . . . . . . . . . . . 50 c.

**LE JARDINIER DES SALONS**, ou l'art de cultiver les fleurs dans les appartements, sur les croisées et sur les balcons, par Ysabeau. 1 vol. in-18, orné de jolies grav. . . . . . 1 fr.

**NOUVEAU LANGAGE DES FLEURS**, des dames et des demoiselles, par Mme la baronne de Fresne. 1 vol. in-18, orné de 48 gravures coloriées. . . . . . . . . . . . . . . . . . . 1 fr.

**LE MÉRITE DES FEMMES**, poëme par Gabriel Legouvé. Nouvelle édition, par J. Andrieu. 1 joli vol. . . . . . . . . . . 50 c.

**L'ORACLE DES DAMES ET DES DEMOISELLES**, par Ézéchias. 2e édition. 1 vol. in-18. . . . . . . . . . . . . . . 50 c.

**LA CHIROMANCIE**, études sur la main, le crâne, la face, par Jules Andrieu. 1 vol. . . . . . . . . . . . . . . . . . . . 1 fr.

**GRAMMAIRE DE L'AMOUR**, à l'usage des gens du monde, par A. Vémar. 1 vol. in-18. . . . . . . . . . . . . . . . . . 50 c.

**NOUVEAU DICTIONNAIRE DE L'AMOUR**, à l'usage des gens du monde, par A. Vémar. 1 vol. in-18. . . . . . . . . . 1 fr.

**NOUVEAU CODE DE L'AMOUR**, à l'usage des gens du monde, par A. Vémar. 1 vol. in-18. . . . . . . . . . . . . 50 c.

**LE MÉDECIN DES MÉNAGES**, par le Dr Al. Valtier, de la Faculté de Paris. 1 vol. in-18. . . . . . . . . . . . . . . . 1 fr.

**MANUEL COMPLET DES JEUX DE CARTES**, par Adhémar de Longueville. 1 vol. . . . . . . . . . . . . . . . . . . . . 1 fr.

**L'ART DE DIRE LA BONNE AVENTURE** et de faire les réussites avec les cartes . . . . . . . . . . . . . . . . . . . . 1 fr.

**LE VÉRITABLE INTERPRÈTE DES SONGES**, par Joseph. 1 vol. in-8. . . . . . . . . . . . . . . . . . . . . . . . . . . . . 50 c.

PARIS. — IMP. SIMON RAÇON ET Ce, RUE D'ERFURTH, 1.

www.ingramcontent.com/pod-product-compliance
Ingram Content Group UK Ltd.
Pitfield, Milton Keynes, MK11 3LW, UK
UKHW021206220726
13924UKWH00003B/1366

9 782019 975326